吉原精工の社業「ワイヤーカット加工」とは？

ワイヤーカットとは、電気を流した真鍮製のワイヤーで金属を精密に加工する方法。

吉原精工の「2グループ＋夜間専門社員」について

	月	火	水	木	金	土	日
Aグループ（土・日休み）	○	○	○	○	○	×	×
Bグループ（日・月休み）	×	○	○	○	○	○	×
夜間専門社員（日・月・火休み）	×	×	○	○	○	○	×

土・日休み、日・月休みのほかに夜間専門を作って3グループ制とし、社員の時間の自由度を維持しつつ、会社としては日曜日だけが休みなので、お客様に迷惑をかけることなく、会社の儲けもそれまで以上に増やすことに成功した（30〜31ページ）。

吉原精工の「年3回10連休」の仕組み

実質的に会社が休んでいるのは○の5日間。この5日間を「年末年始」「ゴールデンウイーク」「お盆」にあてることで、お客様にもほとんどご迷惑はかからない（34、77ページ）。

吉原精工の「社員への経営内情情報の公開」

（万円）

	19/6 第26期	20/6 第27期	21/6 第28期	22/6 第29期	23/6 第30期	24/6 第31期	25/6 第32期	26/6 第33期	27/6 第34期	28/6 第35期	今期＋・－ 売上	±	トータル	借
7月	920	540	490	380	620	735	920	916	680	1132	870	+298	+298	-1885
8月	890	784	1070	400	1360	720	790	849	1109	1081	993	+232	+530	-1818
9月	1000	710	750	500	910	770	770	894	1300	1096	1257	+470	+1000	-1776
10月	1100	1060	770	680	930	630	960	1180	1100	1299	1233	+385	+1385	-1735
11月	1200	800	780	650	830	1000	780	900	956	1195	1276	+443	+1828	-1693
12月	1070	1100	420	530	750	770	972	940	1092	1280	1334	-2	+1826	-1697
1月	1000	1000	390	640	850	660	830	900	1243	1300	995	-48	+1778	-1610
2月	1100	890	520	700	940	810	984	1003	1025	1385	1400	+470	+2248	-1568
3月	1000	1000	410	940	870	1000	867	1100	1152	1036	1229	+427	+2675	-1527
4月	1000	850	470	540	740	860	1266	1154	1213	1234	1380	+480	+3155	-1510
5月	800	730	410	540	640	606	763	947	1100	829	1179	+237	+3392	-1443
6月	1000	1280	480	730	820	980	816	1028	1400	1433	1764	-303	+3089	-1402
合計	12080	10744	6960	7230	10260	9541	10718	11818	13370	14330	14930			
決算	+270	+37	-2000	+50	+360	+400	+393	+164	-943	+1300	+1520			

毎月の売り上げ額・損益額・累積損益額・借金の額を公開する。繁忙期が続いた場合、会社が儲かっていると勘違いし、昇給やボーナスに過度の期待を寄せるのを防ぐことができる（72ページ）。

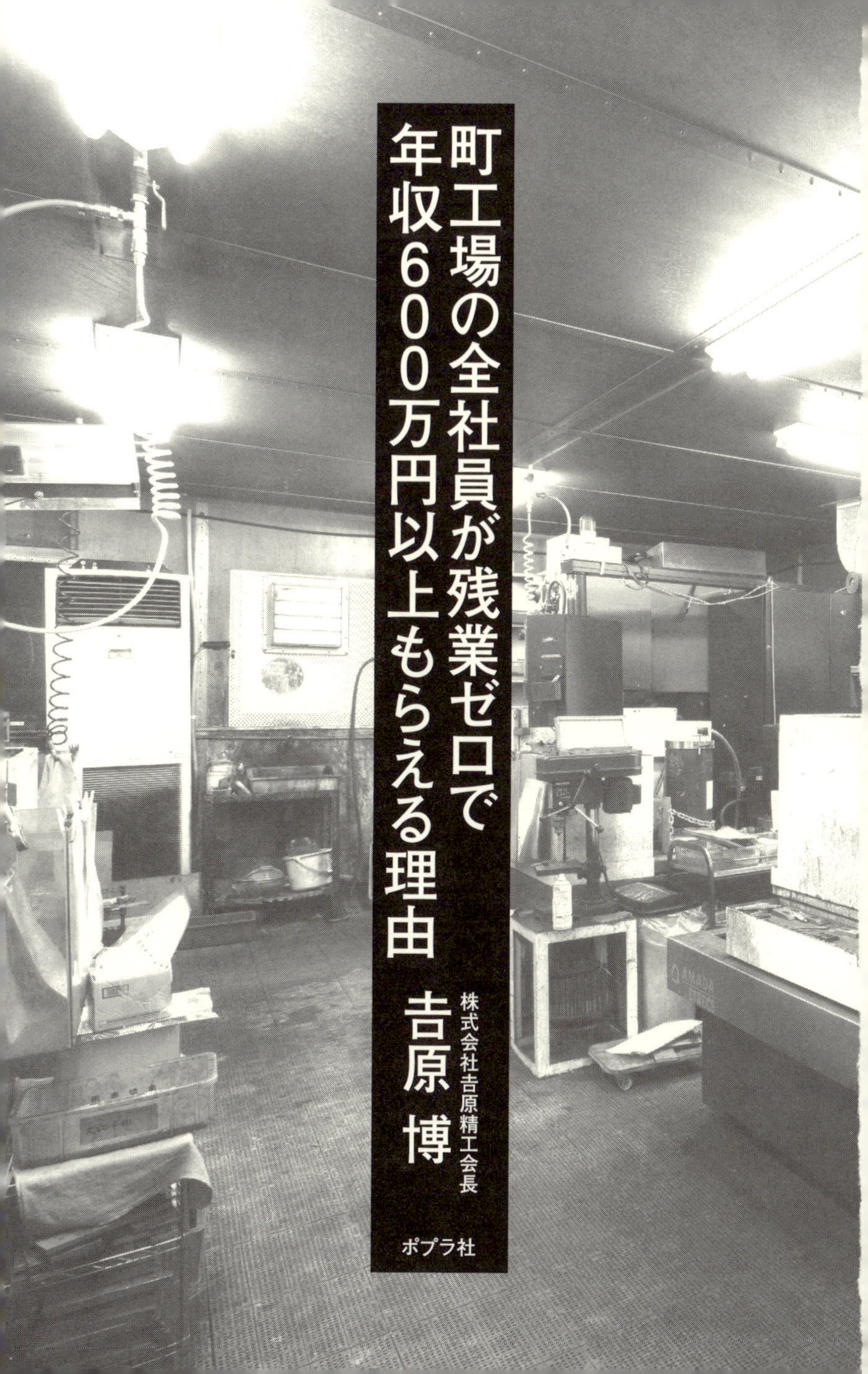
町工場の全社員が残業ゼロで年収600万円以上もらえる理由
株式会社吉原精工会長
吉原博
ポプラ社

はじめに

「吉原精工、社員7人の町工場がトップダウンで残業ゼロ　目指すは完全週休3日」

このようなタイトルの記事がＹａｈｏｏ！ニュースに掲載されたのは、２０１７年2月4日のことでした。

発端となったのは、厚生労働省による過重労働解消の取り組み事例の募集です。良い事例を集めてパンフレットを作成するということで、神奈川県中小企業家同友会の全会員向けに、「残業を削減した事例があればネット上の掲示板に書き込んでほしい」という連絡があったのです。

そこで、私は当社の取り組みを掲示板に書き込みました。すると、全国から6社の事例採用のうちの1社に、吉原精工が選ばれたのです。

すると今度は、この話を知った地元・綾瀬市の産業振興部の方が、日刊工業新聞の記者を連れて工場にやってきました。

そのときの記事の冒頭の一部をここで引用します。

違法な長時間労働が問題視される中、社員わずか7人という中小企業が残業ゼロに成功している。ワイヤーカット加工機で金属を切り出す受託加工を手がける吉原精工（神奈川県綾瀬市、吉原順二社長、0467・78・1181）がそれだ。経営者がトップダウンで作業工程や就業形態を見直し、残業代を基本給に組み込んだ結果、社員の年収は600万円を超え、優秀な人材の定着につながっている。

吉原精工は創業36年の町工場。基本労働時間は8時半〜17時で、1日7・5時間。週休2日制で、年末年始やゴールデンウイークは連続10日間を休む。さらに賞与は2013年から継続して社員全員に夏・冬とも100万円を支給する。

（2017年2月3日付「日刊工業新聞」より）

これが次の日にYahoo!ニュースに転載され、Twitterで「社員7人の町工場」が2回のトレンド入り。その後SNSで拡散、1000を超えるコメントや、スタンプでの「いいね！」が1万2000を超えるといったことになりました。それが発端となってさらなる騒動が巻き起こったのです。

私のもとにはメディアからの取材依頼やセミナーの依頼が殺到しました。それだけではなく、「吉原精工で働きたい」という人が15人も履歴書を送ってきたのです。

社員7人の町工場に15人もの応募があるというのは、通常では考えられないことです。なかには、「吉原精工に人生をかけたい」という人までいました。

多くの関心を寄せていただいたのは、やはり「なぜ、社員7人の町工場で『残業ゼロ』『社員の年収600万円超』『ボーナス100万円支給』といった型破りな経営が実現可能なのか?」ということでした。

先の記事は好意的かつ簡潔にまとめていただきましたが、もちろん吉原精工がこのような経営に至るまでにはさまざまな試行錯誤があり、この記事だけではこれまでの詳細な取り組みを十分に知っていただくことはできないだろうと思います。

また、吉原精工は創業以来、ずっと順風満帆で経営してきたわけではありません。これまで3度もの倒産危機があり、徹底したリストラを実行したこともありました。つまり、過去には幾多の困難があり、それらに一つひとつ向き合ってきた結果として、今の吉原精工があるのです。

ですから、「なぜ残業ゼロ・ボーナス100万円支給が可能なのか?」という多くの方々の疑問に対しては、私が経営者としてどのように経営を考えてきたか、いつどのような取り組みをし、それがどんな結果につながったのかをご紹介することでしかお伝えできないように思います。

また、私は中小企業家同友会で多くの他社の事例に触れ、経営者として学びを得てきました。そのことも、みなさんに知っていただきたいという思いがあります。

もう一つ、最初にお伝えしておきたいのは、私が決して「社員に甘い経営者」「人がいい経営者」ではないということです。

「残業ゼロ、年収６００万円超、ボーナス１００万円支給」といった話をすると、

「社員を甘やかしすぎだ」

「そんな経営をしていたら会社を潰すぞ」

などといわれることが少なくありません。

私は社員に与えるべきものを与えたいと思っていますが、それ以上のものを社員からもらっています。

リスクを負い、設備投資などもして仕事の場をつくり、そこで社員に働いてもらい、収益を適切に配分しながら、会社としてしっかり利益を積み上げていくことを目指す——本来、会社というのはそういうものでしかありえないのです。

ですから、私は社員に対して優しいだけでないことを自覚しています。

ただし、「社員が満足して働けるかどうか」はいつも考えています。そしてそれは、回り回って吉原精工のためでもあるのです。そのことは、本書をお読みいただければお

わかりいただけることと思います。

本書は、「残業ゼロ」を目指したい方、当社の経営に関心を持っていただいた方に、私が創業以来つちかってきた経営の考え方や実践方法を、私自身の失敗談も包み隠さずご紹介しながらお伝えしたいと考えて執筆したものです。

私自身が中小企業家同友会から多くのことを学ばせていただいたのと同様に、日本全国に数多(あまた)ある中小企業経営者の皆様に、少しでも私の経験をご参考にしていただけるなら、これほど嬉しいことはありません。

株式会社吉原精工　会長　吉原　博

町工場の全社員が
残業ゼロで
年収600万円以上
もらえる理由

CONTENTS

第2章 3度の倒産危機を乗り越え「残業ゼロ」へ

第3章 年3回の10連休とボーナス手取り100万円

第4章 吉原流「経営改革とリストラ」

第5章 「自分が嫌なことは、社員にもさせない」吉原流経営

第6章 頭の中の99%を占めている「営業」の面白さ

編集協力／千葉はるか
写真／金壮龍
本文デザイン／千葉さやか

序章

吉原精工はなぜ生まれたのか

ワイヤーカット加工との出合い

私は、吉原精工を創業するまでに3つの会社に勤めました。鹿児島の薩南工業高校電気科を卒業し、上京して大手電機会社に就職し、川崎工場に配属されたのは1969年のことです。

就職先を決めるのに、深い考えがあったわけではありません。テレビなどで東京のネオン街を見て憧れがあったこと、関東に親戚がいたことが上京の理由でした。製造業を選んだのも、工業高校にいたのでごく自然なことでした。

その後、1975年頃だったと思いますが、上場企業のメーカー各社が競うように研究開発費を使う時代がやってきます。

私も、この電機会社で生産技術部の電気加工研究室で研究職に従事しました。そこで出合ったのが、ワイヤーカット加工です。

ワイヤーカットというのは、電気を流した真鍮製のワイヤーで金属を溶かしながら精密に加工する方法です。

ワイヤーカットの機械は、当時は国内ではまだ珍しかったのですが、私のいた会社では工場への導入で製造工程がどれくらい効率化できるのかを調べるために機械を購入していました。私は、その機械を使ってワイヤーカットについて研究し、まとめていたグループにいました。

しかし研究を1年ほど続けたところで、会社はワイヤーカットに見切りをつけてしまいました。「次はレーザー加工だ」というのです。

そんなとき、ワイヤーカット加工機械を扱うある商社から「ウチに来ないか」と誘いを受けました。

当時、この電機会社には6つの研究室がありましたが、そこで働いているのはほとんどが優秀な大卒社員ばかりでした。電卓一つで複雑な計算をしてのける人、大型電算機を使いこなす人を横目に、私は「このままこの会社にいても、高卒の自分に勝ち目はないな」と感じることが少なくありませんでした。

商社への転職を決めるのに、時間はかかりませんでした。

その商社では、国内でワイヤーカット加工機を製造している大手メーカーから機械を仕入れ、工場などに販売していました。

私はワイヤーカット加工機の営業や、販売先に機械の使い方を教えに行ったり、ワイヤーカット加工の仲介をするのが仕事でした。

ワイヤーカット加工の依頼を受けて加工機の販売先につなぐこともあり、その場合は仕上がったものを依頼先に届けるのも私の仕事でした。

金型加工会社への転職、そして独立へ

商社での営業の仕事はおよそ1年続けたのですが、車で年間約10万キロを走った結果、駐車違反などの点数が積み重なり、「そろそろ免許停止になって営業に出られなくなるのでは」というところまできてしまいました。

どうしたものかと思っていたところで、ちょうどワイヤーカット加工機の販売先の一つだった金型加工会社の社長から「ウチに来いよ」と誘いを受けました。

その会社の工場は自宅と同じ綾瀬市にありましたから、通勤がラクだというのもあって、今度はその会社に転職しました。

小さな会社だったので、工場で仕事をしていると時間を持て余すこともありました。

「機械が稼働していない時間があるのは、もったいないな」

そんな思いから、前職の営業時代の人脈をたどり、ワイヤーカット加工機の導入を見送っていた会社や機械を買ってくれた会社に電話をかけるようになりました。

「機械が空いているので何か加工するものがあればやりますよ」

加工機がない会社や、持っていても空きがなく加工を急ぎたい会社からは、多くの仕事を受けることができ、金型加工会社の社長も加工賃が入るので喜んでくれました。

そうやって1年ほど加工の仕事を外部から請け負っていたところ、年間で約800万円の加工賃を稼ぐことができたのです。

「これなら、独立してもやっていけるのではないか」

そう考えるには、十分な金額でした。


ワイヤーカット加工機は、価格が二千万弱（当時）なので、一介のサラリーマンに買える金額ではありません。しかし、過去の営業先の会社の社長が手を差し伸べてくれました。

「これまで面倒を見てもらったから、独立するなら協力するよ。機械は俺が買うし、場所もウチの工場の空いているところを使っていい。加工機の代金は毎月分割で、それに家賃と電気代を払ってくれればいいから」

こんな破格の条件で独立を支えてくれたのは、理由があります。実は私が前職で働いていたとき、その社長から休日に電話がかかってきたことがあったのです。

「週明けにどうしても納品しなければならない仕事があるのに、機械が動かなくなって困っているんだ。故障したのかもしれないけれど、メーカーは休みだし……」

私は当時、

「何かあればいつでも連絡してください」

といって、自宅の電話番号を営業先に伝えていました。困った社長が、とっさにそのことを思い出して電話をかけてきたわけです。

私には修理の知識はありませんでしたが、取り急ぎかけつけました。そこで機械のスイッチのうちの一つがオフになっていることに気づき、機械を無事、動かすことができました。

社長はこのときから、

「何かあればいつでも助ける」

と言い続けていてくれたのでした。

1980年、私はワイヤーカット加工機1台で、一人で吉原精工を創業しました。

ちょうど、30歳のときでした。

ワイヤーカット加工とは？

ここで少し、ワイヤーカット加工について説明しておきたいと思います。

ワイヤーカット加工は、お客様から金属（の加工物）と図面を預かり、図面どおりに金属をカットして納品し、加工賃をいただく商売です。図面は紙で受け取ることもありますが、最近はデータで送られてくるケースが増えています。紙図面の場合はデータに変換したうえで、ワイヤーカット加工機にかけます。

お客様からの依頼内容によって、機械を動かすまでの段取りを終えてから5分程度で終わる仕事もあれば、一度段取りをすれば１００時間以上、機械をそのまま動かし続ける仕事もあります。昼間は段取りから加工が終わるまでの時間が短い仕事をし、長時間機械を稼働させ続ける仕事は夜間に回すように組み合わせると、効率よく仕事をこなすことができます。

加工に使う機械の価格は、1台あたり1500万~3000万円前後です。ちなみに2017年時点では、吉原精工には12台のワイヤーカット加工機があります。創業から36年経っていますが、この間、新型の機械への買い替えを繰り返しており、処分したものは40台近くにのぼります。

設備投資が大きな仕事ですから、しっかり稼ぐには機械をいかに効率よく稼働させるかがポイントといえます。吉原精工では、1台あたり1カ月に100万円の売り上げを出すことを目標に置いて経営しています。

第1章

その昔、吉原精工は「ブラック企業」だった

バブル期に考えた「脱・ブラック」戦略

創業当初は加工の仕事がない日もありましたが、そんなときは「今日は2社、新規顧客開拓をしよう」などと自分にノルマを課し、ハローページを見ながら飛び込み営業をしていました。

独立して1年後にはお客様がずいぶん増え、機械1台では仕事が回らないほどになりました。間借りしていた工場の機械が空いているときは、お金を払って機械を借りたりもしたものですが、それでも仕事をこなしきれなくなったため、いよいよ自分で工場を構えることにしました。

私は自宅のある神奈川県綾瀬市に貸工場を借りて、機械をリースで2台用意し、馬車馬のように働きました。

仕事は順調で、創業から2年ほど経った頃には自分一人では仕事が回らなくなりました。そこで、経験者を採用し、社員数を増やしていきました。

業務は多忙を極め、当時の社員の残業時間は1カ月に80〜90時間はあったと思います。

世の中全体に「忙しければ頑張って働くのは当たり前」という空気があり、「ブラック企業」という言葉はもちろん、「過労死」という言葉さえ生まれていない時代でしたから、社員から表立って不満が出ることはありませんでした。

しかしこうして振り返ってみれば、かつての吉原精工は間違いなく「ブラック企業」だったと言わざるを得ません。

そして1986年、日本経済はバブル期に突入しました。

吉原精工もバブルの勢いに乗ってさらに規模を拡大し、社員数は20人を超えるまでになりました。

バブル期は、いくら断っても次から次へと仕事が舞い込んでくる状況で、多くの会社に「稼げるだけ稼ごう」という空気が広がっていました。吉原精工はもちろん、付き合いのある会社などでも、「定時」という概念はほとんどなかったように思います。

この時期、経営者としては求人難への対策を考える必要がありました。人材は完全に売り手市場で、特に若い人を採用するのは非常に難しかったからです。「3K（危険、汚い、キツい）」という言葉が生まれたのもこの頃で、工場経営者仲間の間では「人が採れない」という悩みがよく話題にのぼっていました。

しかしこのような環境であっても、私は思い悩むようなことはありませんでした。このチャレンジに、むしろ面白さを感じたからです。

「だったら、若者を呼べるような会社にすればいいんじゃないか」

そう考えたとき、ヒントになったのは自分自身がサラリーマンとして働いていたときの気持ちでした。

私は、上司から急に「今日は残業してほしい」と言われるのがとても嫌でした。いつ残業があるかわからないとなれば、退勤後の予定が組みづらくなるからです。

「残業させるなら、残業する日をあらかじめ決めておいてくれればいいのに……」

かつて自分が抱いていた不満を思い出すと、社員のために「想定外の残業」を解消できないかと考えるようになりました。

そしてバブル真っ只中の1990年、私は「脱・ブラック」を目指す最初の手を打ったのです。

自前の「働き方改革」が社員の流出を防ぐ

私は社員を2つのグループに分け、それぞれのグループについて、週に2日ずつ「22時まで残業」「19時まで残業」「定時で退勤」の日を決めることにしました。

当時はどの会社も月曜日から土曜日まで週6日勤務でしたから、たとえば「グループAに所属する社員は月曜日と水曜日が22時まで、火曜日と金曜日が19時まで、木曜日と土曜日が定時まで」というように決めました。

グループAとグループBが残業する曜日をずらすことで、週4日、工場は22時まで稼働させることができます。一方で、社員は定時で退勤できる日が事前にわかるので、プライベートの予定を立てやすくなるというわけです。

この取り組みを今風に表現するなら、自前の「働き方改革」と呼んでもいいかもしれないと思います。

この仕組みは社員からは好評を得ましたが、一方で世の中はバブルに沸いており、仕事は引き続き大量に押し寄せていました。

「社員の働きやすさを変えずに、何とか工場の稼働時間を増やして、受けられる仕事を増やせないか」

そう考えた私が次に導入したのは、**「夜間専門社員」**です。つまりグループA、グループBのほかに夜間専門のグループCを作って3グループ制とし、グループCの社員が22時から朝まで機械を稼働させられるようにしたわけです。

こうして、工場の機械はほぼ24時間フル稼働できるようになりました。3グループ制により、社員の時間の自由度を維持しつつ、お客様に迷惑をかけることなく、会社の儲けもそれまで以上に増やすことに成功したのです。

このような吉原精工のやり方について、「社員に甘いんじゃないか」と言われることもありました。

また、当時は経営幹部の社員に年収で1000万円近くを、中堅社員には600万～700万円程度を払っており、一番の若手社員にも400万円以上は出していました。これを聞きつけて「そんなに払って大丈夫なのか」と陰口を叩く人もいたようです。


しかし、社員の待遇を良くすることは結果的に会社を守ることになります。

実際、別の会社が吉原精工のベテラン社員を引き抜こうとした際、その社員から年収を聞いて、

「ウチの工場長より年収が多い。ウチではそんなに払えない」

といって、あっさり手を引いた……ということもあったそうです。

週休2日制と年3回10連休を導入

３グループ制を導入した後、私は事務の効率化も図りました。

当時、給与計算の事務で一番大変なのは残業代に関わる計算でした。毎月の残業時間が異なると、その都度、残業代を計算しなくてはならないからです。

実際のところ、グループ制の導入により、各社員の１カ月の残業時間はだいたい一定になっていました。そこで、思い切って給与を固定制にしたのです。つまり、一人あたり10万〜15万円の残業代を給料にあらかじめ組み込み、毎月の給料が残業代で変動しないようにしたわけです。

社員からすれば、もらえる給料はそれまでとほぼ同じですから、不満が出ることはありませんでした。

また、同じ時期に週休2日制も導入しました。休日は土日に限定せず、社員によって休む日を変えることで、工場の稼働率は維持できました。

さらに、夏休みは社員が連続で2週間休めるようにしてみました。これも、全員が一斉に休むのではなく、常に誰かが機械を動かせるように休むグループと出勤するグループをうまく組み合わせることで売り上げを落とさずにすみました。

「なんだ、工夫すれば長い休みだってきちんととらせてあげられるんじゃないか」

そう気づいた私は、その後、同様の工夫で社員全員が年3回「年末年始」「ゴールデンウイーク」「お盆」の時期に10連休を取れるようにしました。

こうして、吉原精工は徐々に「ブラック企業」を脱出していったのです。

第2章

3度の倒産危機を乗り越え「残業ゼロ」へ

バブル崩壊、ITバブル崩壊、繰り返す倒産危機

バブル期にたどり着いた働き方は、いくらでも仕事がやってくるというバブル期の異常な状態があってこそ回っていた面がありました。

そして、92年。バブルが崩壊すると、吉原精工は倒産危機に直面することになったのです。

バブル崩壊後は、仕事がガクンと来なくなりました。

それでも、設備のリース料は支払わなければなりませんし、人件費もかかり続けます。借金はどんどん膨らんでいきました。

銀行に融資の相談に行くときは、当然、今後の経営計画の説明を求められます。目先でできることは、リストラしかありません。

「これだけの人員削減をします」

そうやって計画を示して銀行との交渉に臨み、融資を受けながらリストラを進めていくことになりました。

リストラは一度では終わらず、半年ごとに4回ほど実施しました。

もちろん、リストラはするほうもされるほうも辛いものです。最近までずっと、リストラをしていた頃のことが夢に出て、うなされていたほどです。

当時は仕事の量が少なかったので、社員は遅くまで働く必要がなくなっていました。そこで22時までの残業は20時にし、「20時退勤」「19時退勤」「定時退勤」の3パターンとして、夜間専門社員も含めて3グループ制を続けていました。

その後、90年代末から2000年代初頭にかけて、今度は「ITバブル」がやってきました。景気が上向くと、それにともなって受注量は回復していきました。

2000年頃には、業績はある程度は好調に推移していたといっていいと思います。そして2002年、私は新しいワイヤーカット加工機を2台同時に入れるという決断をしました。

それまでは1台ずつ慎重に入れてきていたのですが、販売元からの「まとめて導入すれば大幅な値引きできる」という提案もあり、思い切って2台入れることにしたわけです。しかしその直後、ITバブルが崩壊しました。

過去の吉原精工を見る限り、**「大きな設備投資をすると、その翌年は不景気になる」**というのはジンクスになりつつあります。

もちろん、これは当社に限ったことではないのでしょう。景気が上向けば「今こそ設備投資を」と考える経営者は少なくないはずです。しかし、景気には山と谷があります。景気サイクルを考えれば、好況時に大きな設備投資をする際、その後に不景気の打撃を受ける可能性を考えておくべきだということを学びました。

今では新規に設備投資する場合は導入した機械の稼ぎがゼロでも、現状の売り上げの中で支払いができるのを基本とし導入しております。

間違っても、新規機械の売り上げを当てにしての返済計画はしません。

そんなわけで、２００２年、吉原精工は2回目の倒産危機を迎えました。

仕事が大きく減ったため、20時までだった残業時間は19時までに短縮し、夜間専門社員も一人にしました。

当時の社員数は、７人にまで減っていました。

社員から言われた「お金がないなら時間がほしい」

そして２００８年、リーマン・ショックが襲います。仕事は激減し、吉原精工は３度目の倒産危機を迎えました。

それまでリストラを何度も実施し、辛く嫌な思いをたくさんしてきましたから、私はこれ以上はリストラしたくありませんでした。

そこで、「ここはみんなで一緒に耐えていこう」と社員に話し、私自身も含め、全員が月給30万円、ボーナスはゼロということにしました。

ちなみに、この減給は銀行からは非常によい評価を受けました。**それは、社長も同**

じ待遇にしたからです。

一般には、社員の給料は減らしても、自分の報酬はそのままにしてノホホンとしている経営者が多いのだそうです。しかし、私にはそのような考えはありませんでした。

実は、この「全員一律月給30万円」が、さらに働き方改革を推し進めるきっかけになりました。

社員から、**「お金がないなら、時間をください」**と言われたのです。

これはつまり、「もっと早く帰りたい」ということです。

社員からの要望について、私はしばらく考えを巡らせました。

昇給もなし、ボーナスもなしという状況で、社員が「だったら時間をくれ」というのは、しごくもっともなことだと思えました。

そもそも、私自身が仕事を長くするのは好きではありません。社長として、いつも社員が全員退社してから帰っていましたから、社員が定時で退社するなら自分も早く帰れるわけです。

「よし、やってみよう」

こうして、ついに吉原精工は「残業ゼロ」の会社になりました。始業は8時半、終業は17時です。

このとき、あわせて週休2日制の中身を見直し、「土・日」または「日・月」に社員が休めるようにしました。

小さな子どもがいる社員は、子どもの学校の休みに合わせて「土・日」を選ぶのかと思いましたが、意外に「日・月」を選ぶ社員もいました。「子どもがいるとゆっくり休めないから、2日間のうち1日は平日のほうがいい」という理由を聞いて、なるほどと思ったものです。

社員に選択肢を持たせながら、土曜日と月曜日は営業日、日曜日は完全休業日とする体制になりました。

残業ゼロにしたら、仕事が効率化し、ミスも減少

残業をゼロにするとき、私の頭の中には「今の仕事にはムダもあるはず。勤務時間を短くすることが効率化につながるかもしれない」という期待もありました。

残業ありきで仕事をするより、定時で帰るという前提のもとで仕事をすれば、その時間内に仕事を終えられるよう、社員が効率よく動くようになるのではないかと考えたわけです。

この期待は、現実のものとなりました。

社員たちは、時間を有効に使い、常に効率化を考えて作業するように変化していったのです。機械を動かす前の段取りも、以前なら1時間ほどはかかっていたものが、

たった5分で終える社員がいてびっくりさせられたほどです。

また、「指示待ち」もどんどん減りました。

それまでは、自分でチェックしてOKだと判断できる場面でも、いちいち私の確認をとらなければ仕事を先に進めないケースがたくさんありました。もちろん、私のチェックを待つ間は時間のムダになります。

残業時間をゼロにすると、それまで指示待ちをしていたような場面でも、社員が自分で的確に判断を下して作業を先に進めていくことが増えていきました。

社員から、「社長、機械が止まっていますよ」と声がかかるようになったのも、残業をゼロにしてからのことです。

どの機械でどの仕事をするか、判断して社員に指示を出すのは私の仕事です。私が忙しい場合、機械が一つの仕事を終えていても次の仕事の指示を出すのに手が回らないこともあり、機械が稼働していない時間が生じていました。その間、これまでは社員が私の指示を待ってぼんやりしていることもあったのです。

しかし、「少しでも効率よく仕事をこなしたい」という社員の気持ちが高まったからか、今では社員から「社長、あの機械が止まっていますよ。次は何をやりましょうか?」と自主的に声がかかるようになりました。

さらに社員から、

「機械が止まったときにブザーが鳴るようにしてほしい」

という要望が出てきました。

実は、以前から私はブザーをつけたいと思っていました。しかし、機械が止まるたびにブザーが鳴るようにするのは、社員を急かしてしまうようで気が引けていたのです。

ですから、社員のほうからブザーの設置要望が出たときは、非常にうれしく思い、すぐにすべての機械にブザーを取り付けました。

今では、社員がさまざまな場面で自主的に判断をし、機械を効率よく稼働させるよう工夫を重ねてくれています。「指示待ち」をする社員は、一人もいません。

他にも、意外な効用として、ミスが少なくなったことが挙げられます。

ワイヤーカット加工では、図面どおりに仕上がらないというミスがどうしても発生します。しかし、残業をゼロにしてからというもの、年間のミスの件数が半分以下に激減したのです。

これは、社員がしっかり休息をとれており集中して仕事に臨めていることや、自主性が高まったことによる結果ではないかと思っています。

社員のプライベートが充実し、満足度がアップ

「残業ゼロ」はいいことずくめです。社員のプライベートは充実し、それによって仕事に対する満足度も上がりました。

今の吉原精工では、休み明けに「よく遊んで疲れた」という社員はいますが、「仕事のせいで疲れた」という社員はいません。過労死などという言葉とは無縁です。

もちろん、社員の中には年相応に不調が出たことがある人もいますが、そのときも私が冗談半分で、

「過労か？」

と尋ねると
「いや、それはありませんよ」
と即答されました。

社員は、17時に仕事を終えたらクルマでさっさと帰宅します。18時にはみんな風呂から上がり、さっぱりしてビールを飲む生活を送っています。

趣味もおのおのが満喫しているようです。山に登ってきたという話や、真空管アンプなどの音響機器にハマっているといった話を社員から聞いたりします。

ちなみに、吉原精工ではプライベートには一切タッチせず、社員同士の親睦を図るイベントなどはありません。**「楽しいことは会社の外で自由にやってほしい」という方針です。**

仕事以外の時間はすべて各自が自由に使えるほうが、社員も幸せに暮らせるだろうと思っています。

効率化によりコストが低下し、競争力がアップ

「残業ゼロ」で効率化を追求したことにより、当然、加工コストも下がりました。

そこで私は、コストダウンの分をそのまま利益にするのではなく、加工料の引き下げにあてることにしました。

すると、相見積もりを出す際に吉原精工の見積もりが通ることが多くなりました。今では、出す見積もりは9割ほどが通るようになっています。

残業ゼロによる効率化でコストダウンを実現した結果、吉原精工は競争力をつけることができたわけです。

獲得できる仕事が増えれば、機械の稼働率が高まり、利益を出しやすくなります。「残

業ゼロ」をきっかけに、非常にいい循環が始まったといっていいでしょう。

日本の労働生産性が低いということは、よく知られています。1時間あたりの労働生産性は主要先進7カ国で20年連続最下位ともいいます。

しかし私は、これは日本企業にまだまだチャンスがあることの裏返しだと思っています。日本ではムダな残業が山のようにあるのに、GDPではアメリカ、中国に次いで世界第3位です。

多くの企業が本気を出して残業をなくし、仕事を効率化し、競争力を高めることができれば、どれほどの効果が上がることでしょう。今後の少子高齢化による人手不足解消のヒントになるのではと思います。

今後、売り上げを伸ばしてさらに利益を上げていくには、経営者の腕が試されると思っています。

社員が定時間内で一生懸命仕事をしているのですから、同じ1時間の仕事なら2000円稼げる仕事よりも、2500円、3000円稼げる仕事を獲得する努力をしなくてはなりません。

これには、「付加価値がより高く、加工賃も高い仕事」を増やす方法のほか、「付加価値は劣るけれど、作業時間に対して効率よく稼げる仕事」を増やすというアプローチもあります。

ワイヤーカット加工では、一度段取りをしたら丸3日間くらい機械を動かしておくだけですむ仕事もあり、夜間を有効に活用できる仕事が多ければ社員は機械に張り付いている必要がありません。

いずれにしても、社員の労働時間を変えることなく、いかにきちんと利益を増やしていくかが重要です。それが、先々の社員の昇給にもつながります。

「残業ゼロ」は吉原精工でなければできないのか？

吉原精工の「残業ゼロ」がニュースになり、ネットで話題になったとき、

「製造業だからできたことで、創造性を必要とされる職種には応用できない」

「これは社員7人の小さい組織だからできたのではないか」

といった声が上がっていました。


しかし、本当にそうでしょうか？

「創造性が必要な仕事では残業ゼロは無理」という声には、まるで工場で働く社員にはクリエイティビティが必要ないかのようなニュアンスがあります。おそらく、ワイ

ヤーカット加工や工場の仕事を単純作業だと勘違いしているのでしょう。

ワイヤーカット加工も段取りの工夫一つで効率性が大きく変わる仕事です。金属の塊から、いかに少ない工数で加工を終えて図面どおりのものを切り出すか――アプローチの方法はさまざまであり、まさに発想力が求められる仕事といえます。

ですから、社員はつねに「次の仕事はどうすればもっと効率よく進められるか」を考えているのです。工場の仕事は持ち帰ることができませんが、退社後に「明日の仕事はどう工夫しようか」と考えることも、もちろんあります。

会社に拘束される時間が短くて心身ともに元気な状態であれば、クリエイティブな発想も生まれやすいのではないでしょうか。

クリエイティブな発想は、会議室や会社のデスクだけで生まれるものではないはずです。通勤中に、あるいはお風呂に入っているときやテレビのCMの時間などに、よいアイデアが浮かぶといったこともあるでしょう。

「工場だから残業ゼロにできたんだろう、どうせウチの会社では無理」という考え方は、それこそ思考停止しているとしか思えません。

「組織の規模が大きいと残業をゼロにはできない」というのも、工夫次第ではないのかと思います。

吉原精工も長年、規模の大きな会社とお付き合いがあります。その経験からわかるのは、いくら大企業といっても組織の末端は少ない人数のグループで成立しており、その集合体がピラミッド型に積み上がっているということ。グループ単位で考えれば吉原精工のやり方が適用できる部分もあるはずです。

吉原精工が残業を減らしてきた過程での大きなポイントは、工場の機械の稼働率を下げずに社員の労働時間を減らしたことにあります。これは、社員を複数のグループに分け、勤務時間をずらすことによって実現しました。

たとえば顧客対応がある仕事の場合、「お客様が遅くまで働いているのに残業ゼロにはできない」というなら、社員を2つのグループに分けて勤務時間をずらすことで対応できる可能性がありそうです。一つのグループは朝から夕方まで、もう一つのグループは昼から夜までの業務とすれば、会社の営業時間は長くすることができます。
そもそも、勤務時間を固定して考えるのも、もったいない話です。
通勤のピーク時を避ける「時差通勤」なども取り入れ、柔軟に各個人の勤務時間を動かせるようにすれば、会社の営業時間は変えることなく社員の自由度、満足度を高めることも可能でしょう。

こういった柔軟な勤務時間を取り入れるには、グループ内での情報共有が必要です。「一人だけがわかっていて、その人がいないと困ってしまうような属人的な仕事」はなくさなければなりません。

情報共有さえしておけば、たとえば早く帰宅したメンバーに問い合わせや連絡が入った場合、遅くまで働いているグループのメンバーが対応できます。

もちろん、たまには「どうしても急いで担当者が対応しなければ」という場面もあるかもしれません。それも、帰宅した社員に携帯電話で連絡するなり、方法はいくらでもあります。「帰宅後、まれに仕事の連絡が来ることもある」という程度なら、常に残業するよりずっといいのではないでしょうか。

残業をゼロにした ある上場企業で起きたこと

中堅企業でも残業ゼロを実践したケースがあります。吉原精工と取引のある会社で、社員数が約５００人の上場企業です。

この会社が残業をなくしたのは、待遇改善のためではありませんでした。リーマン・ショックの後、雇用関係助成金をもらうのに、条件として社員に残業や休日出勤をさせられなくなったのです。

吉原精工に出入りしていたその会社の営業マンは、私に、
「残業できないんですよね……」

と愚痴を言っていました。残業代や休日出勤手当がもらえなくなって、困っていたようです。

「仕事はどうしているの?」

「いや、仕事量は変わらないので、何とか定時でこなしています」

その後、その会社の業績はV字回復しました。景気が上向いてきて受注が堅調になってきた一方で、残業代も休日出勤手当も払わずにすんでいるのですから、当然といえば当然です。

このケースでは、残業代や休日出勤手当はもらえなくなったので社員が不満を言うのも仕方がないのですが、**一方で、早く帰れて休日は確実に休めるというメリットは大きかったのではないかとも思います。**

実はこの話には、続きがあります。

業績が回復して最終的に雇用関係助成金をもらわなくなると、この会社は残業し放題に戻ってしまいました。仕事が急に増えたということもないようですから、社員が

「残業代が出るから」とダラダラ非効率な働き方に戻ってしまったのでしょう。

社員が定時までで同じ仕事量をこなせることは、すでにわかっているのです。

それなら、**支払っている残業代の半分だけでも固定給に組み込んで「残業ゼロ」にすれば、会社も社員もハッピーになれるのではないか**と思うのですが、いかがでしょうか。

大事なのは、「残業代込み」の給料にすること

「残業ゼロ」を目指すなら、私はまず給料を「（これまで支払っていた）残業代込み」とすることが必要だと思っています。具体的には、それまでに支払っていた残業代と同じ水準の金額を、固定給に組み込むのです。

たとえば、過去に平均で毎月50時間分の残業代を支払っていたなら、それを固定給に組み込みます。また、残業そのものもすぐにはゼロにはできないでしょうから、当面は徐々に減らしていくようにすればよいでしょう。もちろん、仕事が終われば残業せずに帰っても構わないものとします。

その後、社員の能力を見ながら、20分、30分と残業を減らしていきます。こうした

ステップを踏めば、売り上げや社員に支払う給与を変えることなく残業を減らせます。

そうやって、最終的に「残業ゼロ」を目指すのです。

残業せずに帰る人が増えれば、会社の中で「残業をしている人は仕事が遅い」という認識が生まれます。つまり、「仕事ができる人＝早く帰る人」となるわけです。

残念ながら、今の日本社会では多くの企業で逆の見方がはびこっています。

「遅くまで頑張っている人は偉い」

「ほかの人が残業をしていたら帰りにくい」

「上司がいる間は退社できない」

こういった考えや空気をなくさなければ、残業をゼロにすることなど、とてもできないでしょう。

経営者の方の中には、「このやり方で本当に残業を減らせるのか」「ウチの会社でうまくいくだろうか」と疑問を感じる人もいるでしょう。

その場合の私のアドバイスは、「まず、始めてみればいい」ということです。

やってみて、様子を見て、ダメならもとに戻してもいいのです。私自身、会社を経営するうえで「試してダメならやめる」ということはよくやっています。

たとえば、ある会社を見習ってグループ分けして社員同士を競わせたり、社員同士の親睦会や飲み会を行っていた時期がありましたが、いずれもうまくいかずやめてしまいました。

朝令暮改でもいいのです。やってみて成功するかもしれないのに、「ダメかも」と思って試しもしないほうが、もったいないことだと思いませんか。

吉原精工が「残業ゼロ」で注目され、メディアからの取材を受けるようになって、私はよくインタビュアーから、

「大変な覚悟をもって経営改革をされたのですね」

などといわれます。

しかし、ここではっきり申し上げておきますが、私はそんなたいそうな覚悟など持ち合わせていません。

「やってダメなら、やめればいい」

そんなふうに考えて、いろいろとチャレンジしてみているだけなのです。

第3章

年3回の10連休と ボーナス手取り100万円

ボーナス・給料はどう支給すべきか

前章でご説明したとおり、リーマン・ショック後、吉原精工では私を含め社員全員が「月給一律30万円、ボーナスなし」としていました。

しかし「残業ゼロ」による効率化なども奏功して、業績は回復。

「結果が出たらすぐに、我慢してくれた社員に返そう」

そう思っていた私は、2011年、社員への還元をスタートしました。

給与を個人の能力に応じて引き上げていったほか、全員にボーナスを年2回、100万円ずつ支給することにしたのです。

給料については、もともと**「勤続年数に関係なく能力に応じて決める」**という考えです。仕事が速い人、正確な人、工場全体を見て動ける人であれば、給料は高くなります。

たとえば、社員の中には、能力は非常に高く仕事での工夫も一生懸命してくれるものの、

「私は全体を見る仕事はあまり好きではない」

という人もいます。

その場合、本人の志向に合わせた仕事を任せます。全体を見る仕事ができる人よりは、少し給料は低くせざるを得ませんが、本人が望むように仕事をしてもらっているので、納得しやすいのではないかと思っています。

一方、ボーナスについては、**「頑張ったのはベテラン社員も新人も一緒だから差をつけるべきではない」**と考えています。

「社員たちの頑張りの結果である会社の利益のうち、半分を人数で割ってボーナスにあてる。上限は手取りで100万円」というのが基本方針です。

つまり、「ボーナスの原資とする利益が出ている限り、ボーナスは年2回、手取りで100万円ずつ支給する」仕組みです。

ただし、利益が出なければ、ボーナスはありません。

かつて経営難に陥ったとき、私は友人から借金をして社員にボーナスを出したことがありました。借りたのは300万円。利息をつけて完済しましたが、返すのは非常に大変でした。

しかし、今思うと借金してまでボーナスを出したのは、私の見栄でした。

お金がないのに無理をすれば、社員と会社が共倒れすることにもなりかねません。ですから、ボーナスはあくまで「全員で頑張った利益の還元」という位置付けにすべきだと思っています。

もちろん、仕事を確保できないのは経営者の責任ですから、仕事がなくて売り上げが上がらず利益も出ないという状況になれば、社員に謝るしかありません。

とはいえ、自分ではどうしようもない世の中の情勢、景気の変動などによって仕事が減る場面もあります。吉原精工ではバブル崩壊、ITバブル崩壊、リーマン・ショック時に3度の倒産危機がありました。このような現象については、社員も「しかたない」と思っているところがあるかもしれません。

ちなみに、最初に「ボーナス100万円」としたときは額面で100万円だったのですが、これだと税金や社会保険料などを引いた手取りが80万円前後になってしまいます。

「せっかくボーナス100万円にしたのに、これだとインパクトが弱いな」

そう思ったので、経理担当に相談し、手取りで100万円出せるようにしました。ですから、実際の支給額は一人あたり135万~140万円ほどになります。

計算が少々面倒なので、経理担当者には手間をかけてしまいますが、ここは私がやりたい「100万円支給」を実現させることを優先しました。

吉原精工では給料は銀行振り込みですが、ボーナスは現金手渡しにしています。一人ずつ呼び、帯封つきの100万円の札束を渡すのです。

そして、普段気になっていることを本人に直接伝えます。

ちなみに、このやり方は、初回はあまりうまくいきませんでした。札束を出したら、社員がずっと札束を見つめていて、どうも私の話は耳に入っていない様子だったのです。おそらく、帯封付きの札束を目にしたのが初めての経験だったのでしょう。

しかし、そんなふうに社員にインパクトを与えることこそが、私がやりたかったことだったともいえます。あのときの社員たちの顔を、忘れることはないでしょう。

ボーナスの現金支給にこだわる訳は他にもあります。**世のサラリーマンのお父さんの家庭内における地位が年ごとに低くなっているように感じることがあるからです。**

銀行のＡＴＭから無尽蔵に出てくるのではないことを子どもたちに理解してほしいのです。

「ボーナス100万円」で若手社員が育ち、定着する

「古参社員から若手までボーナス額は一律」と聞くと、「古参社員が反発するのではないか」と思う人もいるでしょう。

だからこそ、私は「ボーナス100万円」にしたのです。

2011年に社員への還元を始める以前は、ボーナスを出すときは金額を人によって変えていました。過去の実績でいえば、もっともボーナスが多い人で50万円でした。ですから、もしも「ボーナスは一律50万円」としていたら、過去に50万円もらっていた人は「どうして全員同じなのか」と不満を感じたかもしれません。

「若手のボーナスを抑えれば、自分は80万円もらえたのではないか」

そんな考えが頭をよぎったとしても、無理はないでしょう。

しかし、もともと最高50万円だったボーナスが倍増するとなれば、他の人が同額もらうからといって文句を言う社員はいません。みんな大喜びでめでたしめでたし、というわけです。


「利益が上がればボーナスが出る」という仕組みを導入した結果、面白い効果も生まれました。**会社の利益を社員が優先して考えるようになり、ベテラン社員が若手社員の能力を引き上げようとサポートする姿勢が見られるようになったのです。**

全員が一丸となって会社の利益アップに頑張るようになるのですから、これほどいい仕組みはないと思います

ちなみに、私がこれまで会社を経営してきて感じるのは、ベテラン社員は少々のことで簡単に辞めたりはしないということです。もちろん、できるかぎり給料を出すなど待遇はきちんとする必要がありますが、「よそに行っても同じだけ稼ぐのは難しい」という状況なら、ちょっと不満があるくらいで退職することはありません。

配慮しなければならないのは、伸び盛りの若手です。

「若手社員が定着しない」

「せっかく素人から一人前に育てたのに、これからというときに辞めていく」

こういった悩みはいろいろな会社の経営者が口にしますが、話を聞いてみると、給料やボーナスをアップするなどの手を何も打っていないことが少なくありません。

「ほかの社員との兼ね合いもあるし、そう簡単に給料は引き上げられないよ」と言いながら、「将来は工場長にしたかったのに……」などと嘆いているのです。これでは、若手に逃げられても仕方ありません。

ベテラン社員を十分に遇しているなら、若手の待遇はどんどん引き上げ、成長したらスムーズにベテラン社員に近づけていくべきだというのが私の考えです。能力に応じてきちんと払うべきものを払ってこそ、能力のある社員が定着していきます。そしていずれは、若者だった社員がベテランとなり、会社の柱になっていくのです。

吉原精工では、入社1年目でボーナスを手取り100万円もらった社員もいます。もしかすると、親よりもボーナス額が大きかったのではないかと思います。

これなら、絶対に若手社員は辞めません。

会社の経営状態は社員にどんどん公開する

私は、社員には毎月の売り上げや利益を公開しています。社員がお茶を飲みにくる休憩スペースの壁に、Ａ４の紙にプリントして業績の推移を張り出しているのです。

きっかけは、同友会仲間の海老名市にあるベルザという企業が、ユニークなシステムを構築していることを同友会会員訪問見学会で知ったことです。

ベルザでは、社員がその日の仕事量をパソコンに入力すると、次年度の昇給額やボーナスがわかるシステムを独自に導入して運用していました。

「いやぁ、これはすごいな」

私は、そのシステムの話を聞いて大変驚きました。社員が自分の働きと給与の関係を常に明示されていれば、きっと社員は一生懸命仕事をするようにモチベーションが高まるに違いないと思いました。

これはすぐにでも真似をしたいと考えたのですが、そのソフトは値が張るので、吉原精工で導入するのは難しそうでした。

そこで、手っ取り早くベルザのやり方を真似するため、まずは紙に業績をプリントして張り出すことにしたわけです。

これにより、社員は月次の売り上げと利益の推移を見ながら「今期はどれくらいの利益があるのか」をつねにチェックすることができるようになりました。

吉原精工では、利益の半分がボーナスの原資になります。ボーナスの上限は手取り100万円（支給額約140万円）ですから、7人分だと約980万円。つまり、利益が約2000万円に届けば、ボーナスを手取り100万円受け取れるわけです。

「今期も帯封付きの札束をもらいたい」

そう思えば、社員は利益が増すように仕事を日々頑張るモチベーションが高まります。

期末に近づいてきて、

「このまま頑張れば、100万円をもらえそうだ」

となれば、安心できるというメリットもあるでしょう。

ちなみに、業績が順調なときは昇給を実施することが多いので、「ボーナス100万円」をもらうための利益が確保できたからといって、その後にモチベーションがダウンするということもありません。

壁に張り出す紙には、今の借金の額も載せています。

繁忙期が続くと、社員は「会社が儲かっているだろう」と考えがちです。しかし、借金がどれくらいあるかがわかっていれば、昇給に過剰な期待を持ってしまって「もっともらえてもいいのではないか」といった不満を抱えるリスクもありません。

もし残業のある会社で社員に業績の推移を開示する場合は、残業代も公開すべきだと思います。

経営者仲間からよく聞くのは、「残業代の支払いが増えてきているが、売り上げが芳しくない。残業と売り上げがリンクしていない」という悩みです。

これは、経営者だけが心のうちにしまっておくより、社員に数字で開示したほうがいいと思います。

残業が業績アップに寄与していないということが数字で示されれば、社員や経営者にとっては原因を考えるきっかけになるでしょう。

残業するのであれば、それに見合った売り上げや利益の増加がなければ意味がありません。社員への情報開示は、経営陣と社員の間で事実を直視し、残業代と利益がリンクするよう働き方を変えていくきっかけになるのではないかと思います。

吉原精工の有給休暇制度の考え方

吉原精工では、入社1年目から年間20日の有給休暇を設けています。20日間の有給休暇のうち、14日間は私が割り振ります。社員は、残り6日間は自由にとることができる仕組みです。

ちなみにこの運用は法律上問題なく、最低5日間を自由に取れるようにすれば、残りは会社が指定して休んでもらうことが可能です。

有給休暇のうち14日間を私が割り振るのは、ゴールデンウイーク、お盆、年末年始にそれぞれ10連休をつくるためです。「社員全員が、年に3回10連休をとれる」というのも、吉原精工の待遇の大きなポイントになっています。

10連休といっても、会社が10日間休業するわけではありません。実際の運用では、社員をAとBの2グループに分けています。Aグループは金曜日から休み始めて翌々週の月曜日が休み明けの出勤となります。Bグループは日曜日から休み始めて翌週の水曜日が休み明けの出勤となります。

このようにグループごとに休みを設定すると、会社の休業日は中央の週の月~金曜日だけということになります。10連休とはいうものの、会社の休業日は実質的に5日間だけなのです。

しかも、5月や年末年始は祝日もありますし、8月も取引先企業の休業日がありますから、実際のところお客様に迷惑をかけることはほとんどありません。

有給休暇の取得の自由度も、できるだけ高くしています。

たとえば「午前中だけ休みたい」「1時間休みたい」という時間単位での有給取得もOKです。

社員からすれば、「午前中は病院に行きたいけれど、午後は働ける」といったケースは少なくありません。それなら必要なところだけ休めるようにすれば、有給休暇をムダに使わずにすみます。休んだ時間が8時間に達したら、そこで有給休暇を1日つかったことになるわけです。

また、有給休暇を6日間使い切ってしまった場合、土曜日など休日に出勤すればその代休として、また休めるようになることなどもフレキシブルに考えています。

これは私自身が電機会社で働いていた頃「6月なのに4月にもらった有給休暇を全部使い果たしてしまった！」という悪夢を見ることが何度もあったからです。

「有給休暇が復活できればいいのに」

昔、自分自身が思っていたことを実現しているわけです。

現在、法律では禁じられていますが、将来的には有給休暇の買い取りもできればいいと思っています。たとえば、未使用の有給休暇が6日間残っていたら、それを企業が買い取るのです。

たとえば5月の連休前、「あなたは4日残っているから4万円」などと現金で支給すれば、連休中に遊ぶための資金になるでしょう。

もちろん有給休暇は完全消化するのが望ましいと思いますし、そうすれば家族での外出が増えて内需拡大にもつながるという良い循環が期待できます。

しかし、消化できていない有給休暇の買い取りがＯＫとなれば、そのお金で社員は何かを買ったり旅行に行ったりして、これも内需拡大に貢献することにつながるのではないかと思います。

法律上、問題がなくなれば「余った有給休暇の買い取り」もふくめて、より柔軟な運用を進めていきたいと思っています。

第4章

吉原流「経営改革とリストラ」

かつては問題企業だった吉原精工

私がセミナーなどで吉原精工の経営改革についてお話しすると、過去のリストラについて「どうしたのか？」という質問が多く寄せられます。

経営者にとってリストラは難しく、また精神的に辛いものですから、関心が高いのも頷けます。

本章では、過去の経営危機に際して私がどのような考え方や方法で経営改革やリストラを行ったのかをご紹介していきたいと思います。

過去を振り返って私が大いに反省しているのは、バブルが弾けるまでの間、現場を

しっかり見ていなかったということです。気づけば、勤続年数の長い社員に任せきりにしてしまっていました。

私が改めて現場に目を向けたのは、バブルが弾けてしばらく経ち、いよいよ会社の経営が傾いてきて、「何とかして会社を立て直さなければ」という危機感を強めたときでした。

現場をよく見ることで、私は多くの気づきを得ました。

・仕事ができない社員ほど「自分は仕事ができない」という自覚がなく、プライドが高く、変化を嫌うこと。

・社員の多くが、勤続年数に比例して頑固になり、自己流になり、個人プレーばかりで協調性がないこと。

・そういった社員が組織の上に立ち、入社年次が若い社員に仕事をさせて、本人はあまり手を動かしていないこと。

・たとえ年次の若い社員のスキルが高くても、ベテラン社員のほうが上だという雰囲

気があること。

・若手社員が、私の指示よりも、部門のトップの顔色を気にしながら仕事をしていること。

吉原精工は、こうした多くの問題をかかえた企業だったのです。

また、かつては社員が自分の顧客リストを持って退職し、起業するケースもありました。

これは、私が現場の社員に仕事をすべて任せていたのが原因です。見積もりをつくり、顧客と会って交渉までしている社員なら、退職後、

「今まで吉原精工では10万円で受けていた仕事を9万円でやりますよ」

と営業をかけるのは簡単なことです。

もっとも、結果的に彼らの会社の経営はあまりうまくいかなかったようです。こうやって独立した社員が過去に4人いますが、3人はその後破綻しています。これは、彼らが吉原精工のやり方を本当には理解できていなかったからでしょう。

ちなみに独立した後や自己都合で退社した後、何人かは「また吉原精工で働きたい」と言って訪ねてきました。いざとなれば、私が再雇用してくれるだろうと高をくっていたようです。

もちろん、会社を裏切って辞めていった社員を再び雇うほど、私はお人好しではありません。私は、社員からずいぶんとなめられていたと言ってもいいでしょう。

古参の経営幹部をリストラした理由

倒産危機が起こるたびに感じていたのは、**「なんとか会社を立て直すために経営改革をしなければ」という思いがまったく通じない社員がいることでした。**

「会社の経営なんて、俺は知ったこっちゃない。いいから給料をちゃんと出せ」

ベテラン社員の中に、そんな空気を醸し出す人がいたのは残念なことです。

私は、経営改革への理解がない社員は、ベテランであっても躊躇なくリストラの対象にしました。会社の経営に無関心な人を残したままでは、改革は進まないと思ったからです。

その中には、当時の経営幹部も含まれていました。

吉原精工では、ふだんは会議というものを一切やりません。情報共有が必要なことがあれば、随時社員を呼び集めて伝えればいいと思っています。

しかし、創業してからこれまでの間に、おそらく5回程度は会議を開いています。

それだけ、腰を据えてじっくり話し合う必要があるときだった、ということです。

あれは、ＩＴバブル後の経営危機の最中に開いた会議のときだったと思います。

私は会社の現状を説明し、これから進めていく改革について話をしました。すると、経営幹部だったある社員が、

「俺はいいよ。みんながやれば？」

と言ったのです。


私はその場では何も言いませんでしたが、怒りでいっぱいになりました。

本来であれば、率先して改革を進めるべき立場のはずです。組織の上に立つ人間が本気で改革に取り組まなければ、若手社員がついてくることもないでしょう。

その経営幹部は、協調性がないことが以前から気になっていました。

あるとき、若手社員が仕事でミスをしたことがありました。加工して納品したものが、お客様から「図面どおりに仕上がっていない」と指摘を受けたのです。

お客様から連絡があった日、たまたま担当の若手社員は休みでした。私が代わりに対応できればよかったのですが、間の悪いことに私も銀行に行く用事がありました。

そこで私は、その経営幹部に、

「これを作り直してくれないか」

と頼みました。

しかし、経営幹部は頑としてその仕事をやろうとはしませんでした。

「俺はやらない。あいつを呼んでやらせろ」

といって、休み中の若手社員を呼び出すよう主張したのです。

「それだと時間がかかってしまってお客様にご迷惑がかかるから」

そう説得しましたが、「あいつを呼べ」の一点張りで、手を動かそうとはしませんでした。

結局のところ、その経営幹部は会社全体のことを考える姿勢がまったくなかったのだと思います。

私は、失敗したのが誰であろうと、お互いにフォローし合うことがお客様のためになり、ひいては会社全体にとって有益だと思っています。

これは、会社はもちろん、あらゆる組織に共通することであり、**「他人の失敗をフォローするのは嫌だ」と考えるような人は組織にいるべきではないでしょう。**

個人主義を貫く態度や会議での発言を受けて、私はその経営幹部に退職してもらうことにしました。そのことを伝えたとき、彼は、

「なんで俺なんだ?」

と言いました。

私は、いざというときに周囲をフォローする姿勢がないこと、会議での他人事のような発言について自分の考えを説明し、

「そのような態度の社員がいては私が思っている会社を作れないから、辞めてもらう」

と言いました。

残念ながら、彼は最後まで私が言いたいことを理解できなかったようでした。

血を流すリストラで社員の意識が変わった

私は3度の経営危機で、経営幹部を含め10人以上をリストラしました。

リストラの基準は「自分から率先して仕事をするかどうか」。ほとんどこの一点です。技術が未熟だとか、高齢だからとか、あるいは単身者だからといったことはリストラの理由にはしません。

これは、会社の経営を立て直すのに、ワイヤーカット加工機の稼働率をいかに上げるかが重要だったからです。

自分から仕事をしようとしない人は、機械が止まって次の加工の準備が必要な状態になっていても、知らんぷりをしたりします。

一方、率先して動こうとする社員なら、機械が止まっているのに気づけば、遠くからでもやってきて当たり前のように次の加工の準備を始めます。細かいことのように思えるかもしれませんが、このような仕事に対する態度の差が、会社の収益に大きく影響するのです。


こうした働き方の違いは、私が経営改革にあたって現場をよく観察し、一人ひとりがどう動いているかをじっくり見るようになってから気づいたことでした。

同じように仕事をしているように見えていても、ズルをしてさぼる人もいれば、一切手を抜くことなく一生懸命働く人もいます。その結果、仕事の負荷は一生懸命働く人ほど重くなり、ズルい人ほどのんびりラクをしていたのです。

技術を持っていることはもちろん重要ですが、技術を持っていてもそれを出し惜しみするのであれば意味がありません。それなら、やる気があってこれから技術を身につけていこうという人のほうがよほど大切です。

私は、汗をかいて働いてくれる人だけを残し、少人数で再出発する道を選びました。

そして、

「経営を立て直したら、一生懸命働いてくれる社員にきちんとお返しをしたい」

そんな思いをより一層、強くしたのです。

経営改革の方針に反する社員をリストラしていくと、残った社員の意識が変わっていくのを感じました。

「経営方針に合わなければ、あれだけ長年勤めていた人でもリストラされるのか」

血の流れるようなリストラを敢行したことによって、私の経営改革にかける本気度を社員が理解してくれたように思います。

残った社員たちは、みんな真面目に働いてくれる人ばかり。彼らは私の思いを理解したことで、「残業ゼロ」導入後、いかに効率よく仕事をするかを率先して考えてくれるようになりました。

「名人・達人」ではなく、「プロ」を育てる

吉原精工が問題の多い会社だった時代を経て、私は「名人」や「達人」を作るのは好ましくないと考えるようになりました。

メディアなどで、「彼はウチの会社の○○名人」「××の達人」などとスキルの高い社員が紹介されているケースをよく見かけます。

このように高いスキルを持った社員がいるのは一見、良いことのように思えますが、その「名人」や「職人」が急に辞めてしまったり、さらに悪いことにライバル会社に引き抜かれたりしたら、会社は大きなダメージを受けることになります。

るでしょう。

「名人」「職人」がいて、彼らに頼っている会社は、いつなんどきその人材を失うかわからず、その結果として経営に大きなダメージがもたらされる可能性があると言えるでしょう。

ですから私は、経営改革を進める中で、社員全員の能力が高まることで会社の利益がアップし、社員に還元される仕組みを作りました。それにより、高い技能を持つ社員が惜しみなく若手社員にノウハウを共有するよう促したのです。

「この仕事はあの人しかできない」

そんな属人的な仕事は、なくなっていきました。

経営者として高いスキルを持つ社員と対峙するとき、「その社員にしかできない仕事」があって頼りにせざるをえない状況にあるとすれば、経営者は言いたいことが言いにくくなってしまいます。

社員のほうも、「自分だけがわかっている仕事」「自分だけができる仕事」があれば、鎧や兜、剣などで武装しているような状態になります。

実際、偉そうになり、頑固になって、「俺しかできない仕事があるんだから、文句を言うな」とでもいうような態度をとることが少なくなかったのです。

そのような状況にならないよう、社員間で情報やノウハウの共有を進め、社員を「武装解除」させていったわけです。

「名人」「達人」をなくす一方で、私が取り組んだのは、全社員を「プロ」にすることです。

吉原精工でいう「プロ」は、図面やデータをもとにワイヤーカット加工機を動かすまでの段取りを20分以内に終えられる人のことです。20分で終えられれば、1時間で3台の機械を稼働させることができます。8時間あれば24台も動かせる計算です。

この数字の評価は、ワイヤーカット加工が身近でない方には少々わかりにくいかもしれませんが、私自身は計算してみて「20分」という基準は「プロ」としてちょうどいい目標だと思っています。

10分で終える社員は、プロ中のプロというわけです。

なぜ「社員をプロにする」ことを目指したのかというと、私が社員に仕事を割り振る際、社員一人ひとりの能力を見極めて処理時間を想定できなくては、工場全体を効率よく動かすことができないと気づいたからです。

また、そのような観点では、工場の稼働効率を高いレベルに引き上げるためには社員一人ひとりの処理時間を短縮していくことが必要だとわかります。そこで「プロ」とはどんな人材かを明確に定義し、その水準まで全社員をレベルアップさせようと考えたわけです。

「人を育てる」と一口に言っても、やり方は多様です。

「名人」「職人」を育てるのではなく、社員一人ひとりに求める水準を明確化し、全員を「プロ」にすると決めたことで、吉原精工では工場全体の効率アップに成功しています。

私は、**「(その会社における)プロ」を定義することは、人材育成にあたって重要なポイントではないかと思っています。**

よく料理人にたとえて説明するのですが、中華料理のプロであれば、厨房で野菜炒めを1品作るのにおそらく1分もかからないでしょう。

一方、素人が野菜炒めを作ったら、プロのように周辺に材料を準備しておいたとしても5分程度はかかるのではないかと思います。ざっくりいえば、プロが5品作る間に、素人は1品しか作れないわけです。

このように「プロ」と「素人」には歴然とした差があり、その差は仕事が積み重なれば重なるほど、全体の効率に大きく影響してきます。

もし、社長と社員の間で「プロ」の定義について共有されていなければ、「5分かかって1品作っている」状況は、「仕事はちゃんとしている」ということで容認されることになるでしょう。

しかし、「1分で1品作るのがプロ」ということが明確になっていれば、5分かかる人、3分かかる人はその水準を意識して改善を目指すことになりますし、社長が社員に注意や叱咤激励をするときも、根拠を持って話ができるのです。

リストラ後に残った社員は半分以上が元難民だった

今、吉原精工には7人の社員がいます。全員が、経営改革の方針を理解してついてきてくれた社員です。

社員7人のうち、4人は日本に帰化した元難民です。

1975年にベトナム、ラオス、カンボジアが社会主義体制に移行したのにともない、これらインドシナ三国から難民が多数流出しました。この当時、日本でも1万人以上の難民を受け入れています。彼ら難民は定住センターで日本語を学んだ後、日本の企業で働くなどして帰化していったという歴史的経緯があります。

あるとき、私がお客様のところに品物を届けに行くたびに、一人で黙々と作業をしている人を見かけました。ほかの人たちがだらだら仕事をしている中で、その一生懸命な様子は私の目を引きました。そこで周囲の人に、

「あれは誰？」

と尋ねると、

「あぁ、あれはインドシナ難民ですよ」

と言われたのです。見た目では、そうとはわかりませんでした。

真面目そうな様子に好感を持った私は、彼に声をかけ、

「誰か友達で『今の仕事を辞めたい』という人がいたら、吉原精工に来るように話しておいてほしい」

と頼みました。その後、元難民が一人入り、さらに元難民どうしの紹介で2人目が入り……というようにして、日本生まれ・日本育ちの社員に混じって、元難民の社員が増えていったのです。

元難民は、真面目な人が多いというのが私の印象です。

特にインドシナ難民として初期に日本に来た人の中には政治難民も多く、もとは警察官やパイロットなど、さまざまな職業の人がいました。

「国を捨てて逃げてきたのは、身近で親戚が殺されるなど命の危険を感じたからだ」

「メコン川を泳いで逃げ、難民キャンプに入れてもらった。途中で見つかれば撃たれて死んでいただろう」

「難民キャンプでも、食べ物には苦労した」

元難民の社員からは、そんな話もたくさん聞きました。


私は、元難民だからといって特別扱いをしたことはありません。過去の社員で、元難民もいれば、日本生まれ・日本育ちの人もいた、というだけのこと。今働いている社員の7人中4人が元難民というのは、たまたまそうなっただけです。

しかし、吉原精工で元難民の社員が増えていった時期には、他の会社の社長からよく質問を受けました。一番多かったのは、

「どれくらい安く使えるの?」

という質問です。

ずいぶんひどい話だと思います。私は、元難民だからといって、待遇を低くしたりはしません。現に、いま吉原精工で一番年収が高い社員は元難民の社員です。

私にとって重要なのは、会社の方針をきちんと理解し、真面目に働いてくれるかどうかということであって、貢献してくれる社員は働きに応じた待遇にするのがごく自然なことだと思っています。


ただし、日本生まれ・日本育ちの社員と元難民で違うところもあります。

やはり生まれ育った場所が変われば文化が違うのだという気づきはさまざまな場面でありました。

昔、社員旅行を実施していたころ、旅先の小さな動物園で柵の中にいる鹿を見ていると、元難民の一人が、

「社長、あれ、うまいんですよ」

というのです。見方が違うので面白いなと思いました。

また、お金に関してはきっちりしている印象もあります。

雇う前に、

「給料は手取りで25万円くらいにはなると思う」

と話していて、実際の手取りが24万９８００円になったら、

「話が違う、２００円足りない」

と言われたことがあり、「なるほど、こういうところは明確にしないと行き違いが生じるんだな」と学びました。


いずれにしても、文化の違いは楽しみ、行き違いが生じたら歩み寄ればいいだけのことです。

近年はシリア難民の映像をニュースで見ることがありますが、私はこういった難民を日本も少子高齢化対策の一つとして受け入れればいいのにと思っています。

事業は本業一本に絞り、生き残りをかける

倒産危機の際は、経営の立て直しのため、事業の見直しも行いました。

吉原精工では、過去に何度か、ワイヤーカット加工以外のビジネスに手を広げたことがあります。そのうちの一つが、バブル期に立ち上げたレーザー加工部門でした。

バブル当時は、「大きいことはいいことだ」という雰囲気があり、会社も規模をどんどん拡大すべきだという価値観が広がっていたように思います。私もその空気に飲まれ、流されてしまったと言えるかもしれません。1億3000万円を投資し、レーザー加工のための新たな部門を設けたのです。

しかし、レーザー加工部門については、吉原精工の規模では環境を整え切ることが

できませんでした。

ワイヤーカット加工は水中で行うため、カット時に粉塵が出ることはありません。一方、レーザー加工ではどうしても空中に粉塵が出てしまいます。吉原精工にはその粉塵を完全に除去できるフィルターがなかったので、つねに工場を開けっ放しにして作業をしていました。夏は暑く、冬は凍えるほど寒い環境で、レーザー加工工場からワイヤーカット加工工場に来た社員が、

「こっちは天国だな」

と言っていたものです。

10年ほどは事業を継続しましたが、倒産危機に瀕したとき、「ワイヤーカット加工に集中する」と決めてレーザー加工からは撤退しました。

ほかにも、色気を出していろいろなビジネスに手を出しました。たとえば、自動販売機ビジネスをやったこともあります。中古の自動販売機を買って設置し、売る商品は安い問屋から仕入れるという単純なものですが、知人から勧められてその気になったのです。

中古の自販機は当時1台10万円くらいで買えました。それを10台ほど設置したのですが、始めてみてわかったのは、自販機がよく壊されるということ。すると、そのたびに3万円、5万円といった修理代がかかるのです。

スタートしたものの、これはなかなか大変だと気づき始めた頃、別の知人から、

「そんな小銭稼ぎをするな、どうせ別の仕事をやるならもっと付加価値の高いことをやったほうがいい」

と言われました。

「確かにそうだ。もうやめよう」

私はあっさり翻意し、1年くらいで自販機ビジネスからは撤退しました。

レーザー加工機に付属していた装置を使って、看板制作ビジネスを始めたこともありました。マグネットシートの加工ができたので、いろいろなところに貼り付けられるマグネット看板のデザインと制作を手がけることにしたのです。

「今あるものを活かして別なビジネスができるなら」

と考えたわけです。

宣伝のため、１００万円近くかけてオールカラーで立派なパンフレットも作りました。しかし、始めてみて間もなく、私は「リピートオーダーがない」ということに気づきました。

立派なパンフレットの山を見ながら、私は、

「力を入れるところを間違えたな」

と思いました。本業であるワイヤーカット加工のチラシは、コピー用紙に料金や特徴などを書いてあるだけですが、それだけでも工夫次第で十分な営業ができます。そして、お客様と長い付き合いができるビジネスなのだということに、改めて思い至ったのです。

いくつかの失敗を経て、私は、

「果たしてこれまで、本業を徹底的に追求していただろうか」

と自問自答しました。

私自身がそうであったように、多くの経営者は、自分がやっている商売に飽きると「別のビジネスを始めたい」と考えるもののようです。

特に創業者は、もともと商売好きで新しいことに挑戦してみたいとうずうずしているものですから、本業以外のことに色気を出すケースは多いでしょう。

しかし、新たな世界に飛び込むのは、やはり簡単なことではありません。

それよりも、きちんと本業に向き合ったほうが、面白い挑戦はいくらでもできるのではないか――。

世の中を見渡せば、本業を突き詰めて全国展開しているお店がたくさんあります。「古本屋さん」がブックオフになり、「板金屋さん」がカーコンビニ倶楽部になり、「靴屋さん」が東京靴流通センターになり、「水道屋さん」がクラシアンになっているわけです。「ワイヤーカット加工屋さん」の吉原精工にも、この先、大きな可能性が秘められているかもしれません。

そんな大きな気付きに辿り着き、今では吉原精工はワイヤーカット加工一筋です。

以後、私が取り組んできた「面白い挑戦」については、第6章で詳しくご紹介したいと思います。

返済が苦しいときは「今、借りているところ」に頼む

加工を主とする製造業は、人件費と設備費の負担が重いのが特徴です。経営危機のとき、人件費はリストラによる削減で何とか乗り切りましたが、設備費はリース会社との契約がありましたから、支払い日は毎月やってきます。

私は一計を案じ、リース会社に返済を半年ずらしてもらえるよう頼み込みました。

当初、リース会社側は強い口調で、

「借りているお金を払うのは当たり前だ」

と言っていました。正論ですが、払えないものは払えません。

「だったら、ウチが潰れたほうがいいんですか？　ウチが潰れれば、残金は一切払えなくなります。でも半年ずらしてもらえるなら、その後は全部支払うと言っているんですよ」

そう交渉すると、最終的には半年ずらしてもらえることになったのです。

ただ、これには後日談があります。

私が「半年ずらしてほしい」といったのは、当面6カ月間の支払いを猶予してもらい、その分、最終支払い期日を6カ月延ばしてもらおうという意図でした。ところがリース会社側は、当面6カ月の支払いは猶予してくれたものの、「支払期間は当初予定どおり。支払い再開後、6カ月間にわたって支払額が2倍になる」というのです。

このときはたまたま半年後に大きく売り上げが回復したので何とか支払いができ、事なきを得ましたが、通常なら2倍もの金額を支払うことなどできるはずがありません。

この経験から、私は以後の設備投資のリース契約では**「支払いをずらす場合はそれ**

に応じて支払期間を延ばす」という契約内容にしています。

このように、私は資金繰りに苦しんだ際、リース会社と交渉しました。

しかし多くの経営者は、経営が苦しくなると何とか新たな借り入れをしようと考えるもののようです。なかには、いわゆる闇金融でお金を借りてしまうケースもあります。

借金の支払いを新たな借り入れでまかなおうとすれば、間違いなく借金は雪だるま式に膨れ上がっていきます。

ですから私は、返済が苦しくなったときは「借りているところに頭を下げる」のが一番だと思っています。

「今、苦しいんです、1カ月支払いを待ってください」

過去にしっかりした取引実績があれば、たいていのリース会社や銀行、仕入先はOKしてくれるはずです。


それから、私は取引する銀行は1行だけにしています。

これは、本当に経営が苦しくなって融資が必要になった場合、取引先の金融機関が

2つあったら、どちらも、

「ウチは難しいですね。もう一行にご相談されてみてはどうですか」

と逃げてしまうおそれがあるからです。

1行だけなら、その銀行が融資を断った時点で吉原精工は倒産することになるでしょう。それだけの覚悟を持ってお互いに交渉し相談できることが重要だと思っています。これはテクニックというより、心意気の話です。


かつては、取引先に大手銀行がたくさん並んでいるのがよいとされた時代もありました。また、今でも「複数の銀行と取引して金利の交渉をしたほうがいい」というアドバイスをする人もいます。

しかし、いまのような金利水準では交渉して良い条件を引き出したところでたかが知れています。

それに、取引先銀行が複数あると、それぞれの銀行の担当者から「ノルマ達成のために給与振込や公共料金支払いなどの設定をしてほしい」「手形はウチで割らせてくれ」などと頼まれ、獲得競争に巻き込まれることになります。

このような場合、いくらバランスよく分けたつもりでも、担当者は「全部ウチで取引してくれればいいのに」と不満を持つものですから、結局、相手の中で吉原精工の重要度が低くなってしまう可能性もあるでしょう。

また、私は普段から、取引先の銀行には吉原精工で起きたことはこまめに報告しています。決算書は当然ですが、試算表も毎月渡しています。

いざ銀行内で稟議書を上げる必要が生じたときに、営業担当者から、

「吉原精工さんはこれだけ資料がありますから、大丈夫ですよ」

と力強い言葉をもらうことが多いのは、こうした積み重ねがあるからかもしれません。

日ごろから深く付き合うという意味でも、取引銀行は1行だけにしたほうが良いように思います。

経営改革のヒントを学んだ中小企業家同友会

私が進めてきたリストラや経営改革は、同友会で経営者や士業の方々と知り合い、いろいろなことを学び教えていただいたことが多々反映されています。ですから、本章の最後に同友会についても振り返って整理し、ぜひ皆さんにも参考にしていただきたいと思います。

同友会は、中小企業の経営者が集まる団体です。私が所属している神奈川県中小企業家同友会には、約８００人の会員がいます。全国では４万社が加入する経営を学ぶ組織です。

同友会は経営者がお互いに知見を伝え合い、経営について学び合うための場といえます。毎月の例会では異業種の経営者が交流しており、会員が報告者となって、成果を上げている事例を紹介するセミナーが行われることもあります。さらにセミナーの後は「グループ討論」があり、会員同士の意見交換も活発です。

セミナー終了後は近くの居酒屋に場所を移し懇親会が始まります。これをチャンスととらえ、尊敬する経営者様の隣の席を確保し、色々な経営のアドバイスを受けたものです。

私は1990年に同友会に入りました。

それまでは経営について深く考えたことはありませんでしたが、多くの経営者から企業経営の現場の生々しい話をたくさん聞けたことで、多くの気付きや学びを得てきました。

同友会の会員の中には、

「目のつけどころが私とは全く違うな」

「本当に立派な方だな」

と驚かされるような経営者も多いのです。

困ったことがあれば、お互いに相談することもできます。社会保険労務士や税理士など士業の会員も多いので、社員の給料や休暇の考え方など、ちょっとした相談に乗ってもらって助けられたことも多々あります。

何より私が同友会に入ってよかったと思うのは、例会に行くと不思議と元気が湧いてくることです。

仕事で疲れているときは、例会に行くのがおっくうだと思ったこともあります。しかし、参加すると帰りは気持ちが晴れている自分に気づくのです。きっと、ほかの経営者の方たちから元気をもらっているからでしょう。

実は、私は一度、同友会を退会したことがあります。入会してから12年が経ち、

「小学校入学から高校卒業までと同じ年数だけ勉強したから、もう卒業してもいい頃合いかな」

と思ったからです。

しかし、いざ退会して例会に行かなくなり、しばらくすると、自分が経営について

考える機会を失っていることに気づきました。

私はいつも、例会に出ると、帰る道すがら、

「今日の話は、吉原精工にはこんなふうに応用できそうだな」

「もう少しアレンジしたらどうなるだろう」

などと、会社経営について新しいアイデアが浮かんでいたのです。

ですから、同友会からの気付きがなければ、吉原精工の経営スタイルは今とは違ったものになっていたと言えるかもしれません。

結局、私は神奈川県内の同友会の別の支部に入り直すことにしました。新しい会員と交流すれば、以前とはまた違った学びが得られるだろうと思ったからです。


同友会会員の経営者から学び、私が応用した例をここでいくつかご紹介します。

もう15年ほど前のことですが、小林住宅工業という建築会社の小林康雄社長（当時）と名刺交換したときのことです。

私は、名刺の肩書を見てびっくりしました。そこに、

「代表取締役　棟梁　小林康雄」

と印刷されていたからです。

「そうか。社長、副社長、専務、部長といった肩書きでなくても、どう名乗ろうと自由にしていいんだな」

私は、その感覚の独自性に深く感銘を受けました。

その後しばらくして小林住宅工業のホームページを覗いてみると、スタッフ紹介コーナーには「代表取締役　棟梁　小林康雄（笑顔の建築人）」という表記があり、再度そのセンスにびっくりしたものです。

このときの学びは、後に私の息子が吉原精工に入社したときに大いに役立ちました。

当時、息子は会社の中では一番若く、ワイヤーカット加工についてはこれからまだ学ばなければならない立場であり、また取引先も目上のお客様が多いという状況でした。

私は、息子の肩書をどうするかしばし悩みました。息子の置かれた立場を考えると、

「専務」や「部長」では違和感があったのです。

そこで思い出したのが、小林住宅工業のことでした。

「肩書は、役職でなくてもいいから自由につけてみよう」

そう考え、任侠映画からヒントを得て、最終的には、

「二代目　吉原順二」


としました。そしてこの肩書のおかげで、息子はお客様から「二代目」と親しみを込めて呼んでいただけるようになったのです。

またあるときは、同友会で知り合った女性とのやりとりで「なるほど」と膝を打ちました。

その日は同友会のメンバーがとある会社を訪問するという企画があり、8人ほどが集まっていました。会社訪問が終わり、お寿司屋さんに席を移したところで名刺交換が始まったのですが、一人の女性は、

「私は名刺を忘れてきてしまいました」

といって、その場では名刺を出しませんでした。そして次の日、その女性から大変丁寧な名刺を忘れたお詫びのメールがいただいたのです。「くらしの器と絵　匣（さや）」の重田さんです。

8人近い人たちと名刺交換をすれば、全員の顔と名前を覚えることはなかなかできません。しかし私は、一人だけ名刺交換をせず丁寧なメールをくれた女性の名前は一度で覚えてしまいました。

「もしかすると、わざと名刺を忘れたことにして、相手に自分のことを印象づけようとしたのかもしれないな」

私はそう考え、もしそうだとすればなかなかおもしろい方法だと思ったのでした。

同友会で仲良くなったある社長からは、ユニークな営業のコツを教わりました。

彼の会社はとある有名企業との取引実績があったので、私は興味を持ち、あるとき、

「どうやってあんな大きな会社と取引できるようになったの？」

と質問しました。

彼がいうには、まずその会社の守衛さんと仲良くなったのだそうです。昨今、大手企業はセキュリティが厳しく、飛び込みで営業に行っても中に入ることはできません。そこで彼は守衛さんのもとに通い続け、缶コーヒーやジュースを差し入れては世間話をしていたのです。

するとある日、守衛さんから、

「ところで、どこに行きたいの？　何を売りたいの？」

と尋ねられ、それに答えると

「それなら○○さんのところに行くといい」

といわれて中に入れてもらえたのだとか。

さらに、その会社の役員と懇意になり、一緒にゴルフに行く仲になると、ゴルフ場まで車で送り迎えをしていたそうです。

「車の中では一対一で話ができますからね。相手の会社の内情までじっくり聞けますから、こんなチャンスは絶対に逃さないほうがいいんですよ」

人の心をつかんで食い込んでいくそのやり方には、話を聞いてすっかり舌を巻いたものです。

第5章

「自分が嫌なことは、社員にもさせない」吉原流経営

サラリーマン経験から考える「社員が嫌がる働き方」

私は10年近くサラリーマンでした。

サラリーマンの経験は、私が経営者として「社員の立場で働くなら、何が嫌なのか」「社員が喜んでくれる経営とは」といったことを考えるうえで、非常に役立っていると思います。

たとえば残業に関して言えば、**サラリーマン時代に私が嫌だったのは「見せるための残業」でした。**

部下は、上司に頑張りを見せるために残業をしたり、「上司が残業しているのに先に帰れないから」と残業したりします。

一方の上司は、部下が頑張っていると帰りにくいという理由で残業をします。そういったお互いに「残業していますよ」と見せるための残業は非常に多く、本来は定時で帰れる日でも残業をする社員は少なくありませんでした。

また、能力が低い人が残業しているのを見ると「おかしいな」と思っていました。私が時間内に仕事を終えて帰っている一方で、仕事が遅い人は残って仕事をしていました。会社の電気代を使い、さらに残業代を多くもらえるので給料も高くなるということに、違和感があったのです。

勤務時間についても、サラリーマン時代の嫌な記憶がいくつかあります。

一番嫌だったのは、残業代や早朝出勤手当がつかないのに、居残りや早出を強要されることでした。

2番目に勤めた会社では、当時は終業時間のあとに勉強会が開かれることがありました。

こういった会は、担当者が上司に「みんなで自主的に勉強する会を開きます、仕事熱心でしょう?」と言いたいがために立てられたものに見えました。誰かが上司にゴマすりをするために、なぜ終業後の時間を奪われなければならないのか、私はまったく理解できませんでした。

残業代も出ないのに出席を強要されるというのは、今の時代なら問題視されるのではないかと思いますが、当時はこういったことも当たり前に行われていたのです。

次に勤めた会社では、社長が「朝にみんなで会議をやろう」と言い出したことがありました。出勤時間が1時間早くなりましたが、早朝出勤手当はつきませんでした。ただでさえ眠たい朝の時間、さらに1時間はやく起きなくてはなりません。この早朝会議は嫌で嫌で仕方なかったです。

また、多くの会社では朝は厳密に遅刻をチェックするのに、退勤時間についてはルーズです。これも、おかしな話だと思っていました。

最初に勤めた会社は8時始業でしたが、1分でも遅れれば「遅刻」扱いとなりました。総務部でチェックしていましたし、おそらく遅刻が多ければ昇進・昇給などの人事評価に影響があったのではないかと思います。

しかしその一方で、就業後に30分や50分程度残業しても、まったくチェックされませんでした。これも今なら問題視されると思いますが、当時の勤務先では、1時間以上残業すると、初めて「残業」とみなされて残業代がつくというシステムだったのです。

「朝の5分の遅れはチェックするのに、50分の残業がなかったことにされ、評価されないのはおかしいのではないか」

私はそんな不満を抱いていました。

吉原精工では、私自身がサラリーマン時代に嫌だと思っていたことは社員にやらせないようにしています。

まず、残業は徐々に減らし、今では「残業ゼロ」です。もちろん、早出を要求することもありません。

他にも、吉原精工では原則として会議をしません。朝礼もありません。

創業から36年間で、おそらく「会議」と呼べるような社員の集まりは5回程度しか開いていないと思います。会議をやったのは、バブル崩壊、ＩＴバブル崩壊、リーマン・ショック後の経営危機のときだけです。もちろん会議は就業時間内で行いました。「会議や朝礼をしない」と言うと、「どうやって業務上必要な情報を社員に伝えるのか」と聞かれることが多いのですが、昼休みにお弁当を食べているときなど、社員が揃っているときに伝達すれば済みます。あるいは業務中に何か伝えるべきことがあったら、現場で「ちょっとみんな集まって」と声をかけ、その場で話をします。いずれも、伝えるべきことだけ伝えるなら、ものの1分もかかりません。

つまり、必要なときに適宜、社員を集めるか社員が集まっている場で話をすれば済む、ということです。

会議をやらなければ、私も社員も会議に向けて準備をする必要がありません。

会議を開くとなると、「会議のための資料」を作ることが多いようですが、私は、社内会議のための書類作りというのは、ムダな仕事の最たるものではないかと思っています。

ほかにも、「15時から会議を開く」などと決めれば、その時間に会議に出られるよう参加者全員が仕事を調整することになります。

「14時40分に手元の仕事が終わったけれど、会議があるから次の仕事にはかかれない」といった状況が生まれれば、仕事の効率性が下がってしまいます。皆が定時に帰るように1分1秒を争っている状況で、こうした時間があってはいけません。

吉原精工では、社員が遅刻をしても評価に影響することはありません。タイムカードをつけて5分、10分の遅刻をチェックすることに意味があるとは思いません。

「社員がルーズになるのではないか」

と尋ねられることがありますが、「利益の半分はボーナスの原資にする」という仕組みや、会社が利益をきちんと上げていれば昇給もするという仕組みが確立していることもあり、吉原精工には手を抜く社員はいません。

私は、「頑張れば（給料や待遇などを）きちんと払う」仕組みと社員の頑張りはセットだと思っています。

もちろん、世の中には「きちんと払う」ことで報いるのではなく、ほかの手段をとる会社もあります。

「ウチの仕事はやりがいがある」などと社員を鼓舞したり、社員の誕生日に派手なお祝いをしたり、表彰をしたりするなど、「社員のモチベーションを上げる」といわれる手段はいろいろあります。同友会でも、そういった事例やエピソードはたくさん学びました。

しかし私は、「自分がサラリーマンの立場だったら」と考えると、こういったやり方では納得してがんばれません。経営者としても、社員のモチベーションアップのためだけに、本質的とはいえない方法を考える気にはなれません。

私は、社員がする仕事に対して十分な報酬で返すこと、休日などの社員に対する待遇をよくすることこそ大事であり、最も効果的かつ強力にモチベーションを上げる方法になると考えています。

吉原精工に「定年」はない

世間一般では、会社は60歳で定年退職し、雇用延長で60歳以降も働く場合は給料を大きく下げるもののようです。また、「役職定年」といって、55歳くらいで一定の地位に達していないと役職から外れ、給料も下がるといった制度を持っている会社も多いと聞きます。

実際、吉原精工が取引している中堅企業の営業マンから役職定年についてぼやいているのを聞いたこともあります。

「給料がこんなに下がるなら、仕事も時間も減らしてほしい」

「やれる仕事もやっている時間も変わらないのに、こんな待遇にされるなんて……」

話を聞きながら、こういったやり方は人を傷つけるものだと思ったものです。

一方、吉原精工には「定年」という概念がありません。

今、一番高齢の社員は68歳です。実はこの社員が65歳になったとき、私に、

「社長、給料を下げてください」

と言ってきたことがありました。

私が、

「どうして?」

と聞くと、

「世間では65歳にもなれば退職するのが当たり前で、働くにしても給料は下がるものですから」

というのです。

会社のことを思ってくれていることを嬉しく思いましたが、私はその社員にきっぱりと言いました。

「世間のやり方は関係ない。ウチは、働く気でいてくれる間は今までどおり働いても

らえれば、給料を減らしたりはしない。自分で働くのが嫌になったら、そのときに辞めればいいいんだよ」

私にとっては、これはごく当然の考え方です。技能があってきちんと仕事ができる人には、継続して仕事をしてもらい、その働きに対してきちんと対価を払うことが、会社にとっても社員にとっても幸せなことではないかと思うからです。

吉原精工では、本当の意味での「終身雇用」を取り入れているといえるかもしれません。本人の希望があれば、仕事ができなくなるまで働いて良いことにしています。

「高齢化社会」と言われ、人手不足が叫ばれていますが、そんな中で「定年」にこだわる理由が一体どこにあるのでしょうか。

現在、年金支給年齢は上昇しております。60歳で退職、年金支給は65歳です。年金支給までは5年間のブランクがあり貯蓄を食いつぶす状況です。

これは、しっかり向き合って考えていくべき問題だと思います。

社員全員が「部長」の肩書を持っている理由

吉原精工も、かつては「ピラミッド型組織」でした。社長の私の下に「部長」などの肩書のついた管理職などのリーダーがいて、その下に平社員がいたのです。

しかし、ピラミッド型組織は小さい会社には向きません。

肩書を持った社員は、仕事を選び、細かな仕事を平社員に押し付けるようになります。社員全員が協力して収益力を高めていこうというときに、仕事を選り好みする人がいるのは好ましくありません。

ですから、今の吉原精工は同心円型の組織です。勤続年数や年齢にかかわらず、社員はすべて同じ立場です。仕事を割り振ったり、指示を出したりするのは社長の仕事で、ほかの仕事は全員が同じように取り組みます。社長を含め、全員がごみ捨てや片付け、機械のメンテナンスなどもします。

そうやって全員で利益を上げたら、その利益は全員同額のボーナスや昇給の原資になるわけです。

一方で、私は社員全員に「部長」という肩書のついた名刺を持たせています。ただし、「部長」の名刺はプライベート用です。

これはその昔、テレビのＣＭでサラリーマンの男性が自宅に電話をかけ、

「係長になったよ」

というシーンを見たことがきっかけになっています。ＣＭでは、奥さんと子どもが、

「お父さんが係長になったんだって」

「今日はお祝いのごちそうだ！」

と大喜びしていました。

そこで、社員の家族が喜んでくれるなら、と考えて、全員を「部長」にしたわけで

す。

この名刺があれば、社員は子どもから、

「お父さんは会社でどんな立場なの?」

と聞かれたときに、堂々と、

「お父さんは部長だよ」

と答えることができます。

名刺の印刷をするだけの手間とコストで社員と家族が幸せを感じられるのですから、費用対効果は抜群だと思っています。

社名にブランドのない小さな町工場の苦肉の策です。

経営改革は社員目線で。好きな言葉は「楽して儲ける」

前にも触れましたが、経営改革をするとき、私が考えているのは「社員目線で理想の会社とはどんな会社か」ということです。これは言い換えれば、「自分が社員なら満足して働けるかどうか」を基準にすべてを考えるということです。

私は今、吉原精工の社員の誰かと仕事を代われるかと聞かれたら、すぐ「代われるよ」と答えられます。定時で帰れて、それなりの給料をもらえて、ボーナスは手取りで100万円。これなら不満なく働ける自信があります。

私は「楽して儲ける」という言葉が好きです。

同友会に入った頃のことですが、テーブルに座るとき、プレートに「会社名」「名前」「好きな言葉1行」を書いて自分の席のところに置くように言われたことがありました。

そこで私は「楽して儲ける」と書いたのですが、周囲からは白い目で見られたものです。おそらくほかの経営者からは、

「そんな考えで経営ができてたまるか」

と思われていたのではないかと思います。

最近、同友会が会員募集のために作ったパンフレットを見たら、掲載されているマンガに登場するダメ経営者が、

「俺は楽して儲ける」

というセリフを言っていましたから、今も昔も変わらず「楽して儲ける」は眉をひそめられる考え方のようです。

しかし、「楽して儲ける」というのはいろいろな工夫が必要で、実はそう簡単な話ではありません。

社員も私もできるだけ楽をしながらきちんと稼げるようにするには、一体どうすれ

ばいいのか――。

それを真剣に考え続けた結果が、残業ゼロによる仕事の効率性アップや、利益を明示して社員に還元する「（手取り）100万円ボーナス」、それによる社員同士の協力体制強化などの経営改革につながっているのです。

社員目線に立ち、「自分がなり代わってもいい」と思えるくらい社員が楽に働ける会社を目指すという姿勢は、世間一般の価値観からはかけ離れたものかもしれません。

おそらく多くの人は、

「一生懸命、額に汗して働き、遅くまで残業することも厭わないことが会社の利益につながる」

そんなふうに考えているのではないかと思います。

しかし吉原精工では、

「楽に働いて必ず定時で退社することが社員の満足度アップにつながり、ひいては会社の利益につながる」

と考えているわけです。

私は、こうした考え方の違いは、宗教に似ていると思うことがあります。

「仕事で楽をするなんてとんでもない」

「残業を厭わず働くべきだ」

「会議は絶対に必要なものだ」

「1分たりとも遅刻してはならない」

こういった考え方は、私から見れば、たいした合理性はありません。


「仕事は楽にできるほうがいい」

「残業はゼロで効率よく働こう」

「会議は要らない。必要なことは都度、伝達すればいい」

「多少の遅刻は問題なし、やるべき仕事をやればいい」

吉原精工の社員は、こうした「吉原教」の教えを慕ってついてきてくれているのでしょう。ついてきてくれるからには、社員を幸せにしたいと思っています。

さて、みなさんは、仕事において、どんな経営宗教を信じるでしょうか?

経営指針の考え方

同友会では、会員である経営者に「経営指針」と呼ばれる経営計画を作ることを勧めています。

長期的に「いつ、どんな夢をかなえたいか」を考えることは、誰にとっても有効です。先に大きな夢があれば、今が大変でも頑張ろうと思えるのが人間です。

その意味で私は、会社は経営計画を立てることによって夢を明示し、社員と共有することが必要だと思っています。

また同時に、会社の経営計画は社員個人の夢ともリンクしているべきだと考えています。社員が車を買う、結婚する、家を建てる、旅行に行くといった夢を持っているなら、その実現に向けた計画を立てさせ、会社の成長とリンクして実現できるかどうかを経営者は考えなくてはなりません。

なぜこんなことを言うのかというと、私が見る限り、多くの経営計画は会社の都合が優先された結果になっており、実効性がなくなっているからです。

ひどい話だと思った例でいえば、経営計画をつくったある経営者が、

「経営計画の通りにやって利益を上げるのが社員の仕事。この通りにならなければ、社員が悪いのだから昇給も賞与も一切なしにする」

と言うのを聞いたことがあります。

会社が勝手につくった目標、立てた計画というのは、社員からするとただのノルマです。そんなものを見せられた社員は、「この計画を達成したい」と思うでしょうか。

経営計画に基づくノルマが達成されなかったとき、経営陣が社員に指導や助言をするでもなく、次の目標を設定するだけというケースも多いようです。

収益などの目標を立てるのは簡単ですが、それをいかに実現するかを真面目に考え

るなら、現場の社員が実現に向けて頑張ろうと思える仕組みを取り入れなければなりません。

それが、**「社員個人の夢と経営計画をリンクさせる」**ことだと思うのです。

経営計画は、会社の未来をより良くすることはもちろんですが、それにともなって社員自身の夢をかなえられるものでなくては現場に浸透しないでしょう。現場から「ただのお題目」と見られ、意識すらされない経営計画には作る意味がありません。

経営者は、経営計画を作るなら、同時に社員全員に今後の夢や人生の計画を書いてもらうべきでしょう。

それを一枚一枚見ながら、どうすれば会社の夢を叶え、社員のライフプランを実現できるかを考えることこそ経営者の仕事だと思います。

ちなみに私自身は、吉原精工の経営計画を作ったことはありませんが、「あぁ、経営計画を作っておけばよかった」と思ったことがあります。

昔の私の夢は、富士山が見える小高い丘に工場を作ることでした。仕事をするときに富士山がドンと見えていたら、それは気持ちいいだろうなと思ったからです。商品は宅配便でやり取りすればいいだろうと考え、

「考えてみれば、工場はどこに作ってもいいんだな」と夢を膨らませ、いつでも好きな場所に移転できるように宅配便主体の体制を構築していたのです。

ところが、自分一人の心にその夢をしまっていて、ある日ふと夢を思い出したときに、社員はほぼ全員がマイホームを購入していました。

せっかく社員が地元に根を張っているのに、工場を遠くに移転するわけにはいきません。私は、夢をあきらめざるをえませんでした。

こんな「会社の夢」も、経営計画をつくって社員と共有しておけば、社員のライフプランとうまくリンクさせられたのではと思います。

会社と社員が、お互いの目指すところを知っておくことは、全員が幸せを追求していくうえで欠かせないことだと言えるかもしれません。

また、経営指針を作成しているが、「いまひとつ上手くいかない」「社員のモチベーション向上に結びついていない」ということもあると思います。

結果が出ていない場合は、経営計画を思い切って再構築することをオススメします。

その際に、経営指針を会社主体から社員主体に変えるのもありなのではと思います。

たとえば、ある会社の経営指針で、年度計画の最終年をみると「自社ビルを建てる」と書いてありました。

自社ビルの建設は経営者の夢です。しかし、社員の夢ではないのではと思います。それよりも、「給料を上げろ」「休みを増やせ」が本音ではないかと思います。

そこで従来の常識を破り、社員目線主体での構築をしてみてはいかがでしょうか。

そのためには、まず社員と話し合い、社員の希望を聞き出します。

例えば、「年収1000万円は欲しい」「残業ゼロ」「週休3日制に夏休みは2週間欲しい」の全てを了承し、そこからの計画作成に入ります。

売り上げ目標は、社員は何人体制にするのか、仕事量の確保は、設備投資は、内部留保は……最後に計画の中に経営者の夢などをリンクさせて完成させるのです。

これで、社員目線優先の経営指針作成の完成です。これだと社員も頑張りがいがあるのではと思いますがいかがでしょうか。

第6章

頭の中の99%を占めている「営業」の面白さ

神様も広告宣伝しているのに、町工場がしなくてよい理由はない

私はワイヤーカット加工の仕事を楽しんでいます。会長になった今でも興味のある加工相談があると面白さを感じ、楽しく仕事をさせてもらっております。

アートの世界との融合に興味は尽きません。そういった挑戦しがいのある仕事は自分でこなすことが少なくありません。

また、これまでお話ししてきたような組織づくりや業務効率化など会社経営について考え、あれこれ試してみるのも大好きです。

しかし、私の頭の中の99％を占めているのは、実は「営業」のことです。

吉原精工のことはもちろん、目に入ってくるあらゆる商売についても、「この商品はどう営業すればいいか」「このサービスを広げるにはどんな宣伝が有効か」といったことを考えるのが癖になっています。

吉原精工が三度の経営危機を乗り越えて今日までやってこられたのは、経営改革を進めただけでなく、積極的な営業によって顧客を広げ、着実に仕事を増やしてきたことも大きいと思っています。

この章では、吉原精工がどのような営業戦略をとってきたのか、営業のアイデアをどんなふうに考えているかをご紹介したいと思います。

私が最初に営業戦略を考えたのは、バブル崩壊後、吉原精工が最初の経営危機に陥ったときのことでした。

「とにかく、お金がない」

「お金がないのは、仕事がないからだ」

「仕事がないのは、問い合わせや見積もり依頼すらないからだ」

「問い合わせや見積もり依頼がないのは、ほとんどの人が吉原精工を知らないからだ」

そう思い至って、何とか営業をしなければと考えたのです。

加工業をメインとする製造業の会社では、営業をしないところが少なくありません。

私が知り合いの経営者と話をしていると、

「営業をやるにはお金がないから」

「やったことがないし、どうしたらいいのかわからない」

「営業のスキルがないから」

といった声をよく聞きます。

なかには、

「仕事をもらうのに頭を下げるのは嫌だ」

という人もいます。営業に対して「自分の技術を安売りすること」だと考えて抵抗感を持つ職人肌の経営者もいるようです。

しかし、私は仕事をもらうためには、町工場であっても、営業の努力をすべきだと思っています。

あるとき、年末年始にテレビを見ていて気づいたことがあります。

「初詣は〇〇神社へ」

商売繁盛をうたう神様でさえ営業をしているのです。

人が場所も名前も知らない神社に初詣に行かないのと同様、お客様になる可能性がある人がいたとしても、自社のことを知ってもらえなければ仕事が来ることはありません。

ですから、仕事を得るためにはまず多くの人に「ワイヤーカット加工をしている吉原精工という会社がここにある」ということを伝えるのが重要なのです。

人手をかけないDMでの集客がリーマン後の危機を救った

昔の吉原精工には営業担当の社員がいました。バブル期には3人の営業マンを抱え、出始めたばかりの大きな携帯電話を持たせていたものです。

あるときは、新規営業のため、営業社員と一緒にティッシュ配りを試みました。大手機械メーカーの正門前で吉原精工の宣伝を入れたティッシュを配ろうと、始業前から待機していたんですが、なぜかあまり人が通らず10個くらいしか配ることができませんでした。

「おかしいなぁ、どうして社員が通らないんだろう」

不思議に思って調べてみると、社屋の裏手に大型駐車場があり、クルマ通勤しているほとんどの社員は裏側から出入りしていた……ということもありました。

このときは
「じゃあ次は駐車場側の入り口でやろう」

と提案したのですが、社員から、

「もう恥ずかしいからやめましょう」

と言われてあきらめた覚えがあります。

また、当時は出かけた先でワイヤーカット加工のニーズがありそうな会社をみかけると小まめにチラシをポスティングしていました。


しかし、営業についていては一抹の不安がありました。

営業社員にとって、ワイヤーカット加工の営業をするのに吉原精工である必然性はありません。**もし競合企業に転職されたら、担当を任せている取引先を全部持って行かれてしまう可能性がありました。**

結局、バブル崩壊後にリストラを進めていく過程で営業社員を減らし、リーマン・ショック後にはすべていなくなりました。

営業社員を減らしていくに従い、私は「人を使わない営業戦略」を考えるようになりました。


バブル崩壊後は経営危機に陥りましたから、それまで以上に真剣でした。

最初に取り組んだのは、封書でダイレクトメール（ＤＭ）を送ることでした。

当時は電話帳をみれば業種、会社名、住所がわかりましたから、それを見てワイヤーカット加工のニーズがありそうな会社にＤＭを送っていたのです。

当時の試みの一つとして、「指値に挑戦！」という宣伝文句を入れたパンフレットを作ってＤＭで送ったことがありました。

「希望の値段を言ってもらえれば、よほど無理なものはお断りする可能性もありますが、受けられるものは頑張って受けますよ」ということを伝えたのです。

「加工賃10万円の仕事が１万円でもトライします」

そんな文言を入れたこともありました。

ただし、

「温情ある指値価格の提示をお願いします」

という一文も添えていました。

このパンフレットを見て吉原精工に興味を持ち、仕事を依頼してくれる会社は少なくありませんでした。そして実際に受けてみると、無茶な金額を提示してくる会社は一社もありませんでした。

発注する人はサラリーマンですから、吉原精工に支払う加工賃を下げても、それによって自分の懐が潤うわけではありません。仕事の実績として、いつもよりはやく安く受けてもらえれば十分だというケースが多かったのではないかと思います。

実は、吉原精工にとって、この戦略には非常に大きなメリットがありました。

小売業なら原価という考え方があり、商売である以上、原価割れを避ける意味で、価格の基準を示す事ができます。

しかし、加工業というのは値段があってないような世界です。

材料を図面通りに機械で加工して納品する加工業の場合は、「加工賃＝手間賃」であり、手間というのは客観的に値段をつけにくいのです。

それまでは「だいたいこれくらいだろう」という加工賃で商売をしていたのですが、

お客様に指値価格を提示してもらったことで、私は「どれくらいの価格水準が求められているのか」をつかむことができました。つまり、正しい「世間の相場」を知ることができたわけです。

相見積もりを求められるケースは少なくありませんが、「世間の相場」がわかっていれば、それよりほんの少し低い金額で見積もりを出すことができます。すると、見積もりが通る確率がぐっと上がるのです。

ITバブルが崩壊したころには、ファックスDMサービスを利用し始めました。これはファックスでDMを流してくれるというもので、1通あたり10円で済むためハガキよりずっと低コストで済むのです。

おそらく、吉原精工のような加工業でファックスDMを流すというのは、あまり一般的な営業方法ではなかったと思います。

そもそも私がファックスDMを知ったのは、

「保証人不要で○万円融資します」

といった、いわゆる「街金」などのDMが会社のファックスに送られてきていたからです。

「これをウチの営業に転用できないか」

そう思って調べてみたところ、ファックスＤＭは自分で送信する必要がなく、地域や業種を指定すれば一括で送ってもらえること、ハガキより低コストであること、Ａ4用紙で送信することで伝えられる情報量の多さも魅力的でした。

そこで関東地方の2万社にファックスＤＭを流すことにしました。これによって新規の顧客が増え、ＩＴバブル後の危機をなんとか乗り切ることができました。

リーマン・ショック後の2009年、3度目の経営危機を迎えたときは、最後に受けた融資の500万円のうち100万円をファックスＤＭにつぎ込み、全国11万6000社にファックスＤＭを流すことにしました。このときは、交渉して少し料金をまけてもらいました。

もちろん、なんとか工面した500万円というお金から約100万円を広告につぎ込むというのは、思い切りが必要でした。しかし一方で、「現状維持」のままでは向こう数カ月の間にまた資金繰りが厳しくなることは目に見えていました。

「何もしなければ、この500万円もあっという間に消えてしまうだろう。それなら、新規顧客獲得に賭けてファックスDMに100万円払おう」そう思ったのです。

このときは、最初に5万件のファックスを流してもらいました。

すると次の日から電話が鳴り止まず、仕事の相談や見積り依頼のファックスが次々に送られてくるようになり、嬉しい悲鳴をあげることになりました。

そこでファックス配信をいったんストップし、残りの6万件は1カ月ごとに1万件ずつ流すように手配しました。

ファックスDMがこれほど高い効果を上げたのは、価格や当社のこだわりが適正だったからだと思います。指値に挑戦し、世間の相場をしっかりつかんでいたことが奏功したというわけです。

私はファックスDMの効果を見えやすくするため、新たに銀行口座を一つ開設してファックスDMで獲得したお客様からの支払いをすべてその口座に振り込まれるようにしました。

すると1年後、その口座に振り込まれた金額が1000万円を超えたのです。

つまり、吉原精工は100万円の宣伝広告費を投下することで、新たに加工賃1000万円分の仕事を得ることができ、3回目の倒産危機を乗り越えられました。

こうした営業戦略による新規顧客の獲得を進めたことが、危機からの立ち直りを早めたと思っています。

ホームページのSEO対策で集客力が大幅にアップ

現在の吉原精工の営業ツールは、何と言ってもホームページです。検索サイトで特定のキーワードで検索されたときに吉原精工のサイトが上位に表示されるよう、いわゆるSEO対策をすることで、「ワイヤーカット加工」「ワイヤーカット」という言葉でウェブ検索した人の目に留まるようにしています。

「会社のホームページを作ろう」と考えたのは、2001年ごろのことでした。まだホームページを持っていない会社のほうが多い時代でしたが、私は「新しもの好き」なので、とりあえず飛びついてみたというわけです。

ホームページは、同友会で知り合った人に作ってもらいました。たまたま例会で隣に座った人に、

「どんな仕事をしているんですか?」

と尋ねたら、

「一人でホームページを作る仕事をしています」

というのです。

「いくらくらいで作れるの?」

「10万円くらいですね」

「その倍、払うから、いいホームページを作ってくれない?」

そんなやり取りを経て、吉原精工のホームページが誕生しました。

当時はホームページを持っている会社が少なかったこともあり、ワイヤーカット加工会社を検索で探して吉原精工を見つけてくれる人は少なくありませんでした。ほどなくして、日本を代表する大手電機メーカーから加工の相談の電話がかかってきました。

実は吉原精工では、以前からその会社の茅ヶ崎工場の仕事を請け負っていたので、最初はリピートオーダーだと思って電話に対応していました。

「それじゃあ、今から伺いましょうか？」

そう聞くと、相手はいぶかしそうな声で、

「今から来るんですか？」

と言います。

「ええ。どうしてですか？」

と聞き返すと、

「だって、これからすぐ大阪まで来てくれるなんて……」

なんと、相手はいつもの取引先の工場ではなく、本社の人だったのです。たまたま吉原精工のホームページを見て、連絡をくれたのでした。

大手メーカーには、たいてい外注担当の部署があります。通常ならそういった部署を通して依頼があるのでこういったことは起こらないのですが、当時はホームページを検索して情報を探す人が増えていたころで、インターネットに親しんでいるメーカーの技術者の中には、このように直接連絡をする人が少なくありませんでした。

もっとも、その後はホームページを作る会社がどんどん増えていきました。

ワイヤーカット加工をしている同業者は、世の中にはたくさんあります。その中で、「どこかワイヤーカット加工のいい会社はないかな」と思ってインターネットを検索した人が、吉原精工のホームページに辿り着いてくれなければ、新規顧客獲得はできません。

まだ吉原精工を知らない人が、「吉原精工」という会社名で検索をかけることは100%ありませんから、やはり「ワイヤーカット」や「ワイヤーカット加工」という言葉で検索したとき、検索結果の上位に吉原精工のホームページが表示されなくてはならないのです。

そこで始めたのが、先程も少し触れた「SEO対策」でした。

きっかけは、SEO対策サービスを手がけているというある会社の営業マンから営業電話を受けたことです。

「東京に行くから帰りに寄らせてください」

と言われたので、会社に来てもらって話を聞くと、検索結果の1ページ目に吉原精工が表示されるようにできるといいます。

「それで、いくらかかるの?」

「1カ月あたり3万~5万円です」

「いや、本当に効果があるかわからないのにそんなには出せないな。1万円でどう?」

そう交渉すると、その営業マンは本社に電話をして話をつけてくれ、1万円でやってもらえることになりました。

契約は「検索結果の1ページ目に表示されなくなったら解約する」という条件つきでしたが、以後、吉原精工のホームページはずっと1ページ目に表示される状態が続いています。月1万円でこの効果なら安いものです。

もっとも、この価格は私が値切った結果です。SEO対策費用は通常はもう少し高いのではないかと思います。彼は東京での契約でノルマ達成後、当社はおまけの1社で安くしたと思います。

その後、彼は私の構築した営業戦略で成績を伸ばし、トントン拍子に役員まで出世したのでした。吉原精工のSEO対策の料金が据え置かれているのは、彼のおかげなのかもしれません。

年間10~30社が新規顧客に。開拓の余地はまだ大きい

ファックスDMやホームページ制作、SEO対策などの話をすると、規模の小さな会社の経営者の方などに「広告宣伝費をかけるのはもったいない」という人がいます。

しかし、私は前述の100万円を投じたファックスDMの広告宣伝費は安かったと思っています。

吉原精工が営業マンをゼロにしたのは、**「営業マンの人件費分を広告宣伝費に回せば、すごいことができる」**そう気づいたからでもありました。

仮に営業マンを雇えば、人件費が年間数百万円はかかるのです。人手をかけて営業

を強化しようと思えば、人件費の重い負担を覚悟しなければなりません。これは経営にとって大きなリスクです。多くの会社にとっては、それよりもまずはホームページに力を入れるのが得策なのではないかと思います。

ちなみに、今では吉原精工にはホームページからコンスタントに仕事の問い合わせがあります。そのうち新規顧客になるのが年間で約10〜30件ほどあり、それがリピートオーダーにつながっているので、非常に助かっています。

リーマン・ショック後にファックスDMを流したとき、国内で吉原精工のお客様になる可能性のある企業の数を調べました。東京商工リサーチのデータベースで数えると、当時は約11万6000社ありました。

このデータから、現在でも**「少なくとも10万社ほどが営業の対象になりうる」**と見込んでいます。一方、吉原精工の現在のお客様は約500社です。

つまり、ワイヤーカット加工市場全体のうち、まだ0・5%しか開拓していないということです。

「これからお客様になる可能性がある企業が99・5%もある」

これがわかっているので、今ではいざ不況がやってきたとき、その時代に合ったPR方法を考えて実践すれば大丈夫だという確信を持つことができています。

今後、またバブル崩壊やリーマン・ショックのようなことがあるかもしれませんし、そのようなときは売り上げが大きく下がるでしょう。しかし過去の経験から、1年もあれば業績の回復は十分に可能だろうと楽観視しています。

「1年持たせられるだけの融資か蓄えがあれば、不況がやってきても大丈夫」

営業方法を工夫したことで、いまではこんなふうに考えられるようになったのです。

ホームページで「わがままな条件」を明示するのはなぜか

先にご紹介したように、ホームページは吉原精工にとって重要な新規営業ツールとなっています。

ホームページはただ公開していればよいというものではありません。このホームページを見て、お客様が「吉原精工に連絡してみよう」「仕事を頼んでみたい」と思ってくださるものでなければ、意味はありません。

実は最初にホームページを作るとき、私はいろいろな会社のホームページを見て「いいとこ取り」をしようと考えていました。**そこで研究のためにたくさんのホームペー**

ジを見る中で気づいたのは、多くのホームページが「威張っている」ということです。

「ウチの設備は最新のものをそろえています」

「盤石の組織体制で仕事にあたっています」

「広大な敷地に建つ工場をご紹介します」

正確には記憶していませんが、こうした「ウチはすごいですよ」と訴えるような記述が非常に多かったように思います。

しかし、こうした「設備自慢」「工場自慢」「会社自慢」を並べても、どこの会社でも「自慢」は載せていますから、結局はホームページの印象が似たり寄ったりになりがちです。

それに、いままさに困っているお客様が「威張っている」ホームページを見て「ここなら相談に乗ってくれそうだ、相談してみよう」と思うだろうか、とも感じました。

そこで、私はそれまで考えていたホームページの中身をいったんチャラにして、吉原精工ならではのホームページを作ることにしたのです。

ホームページは、トップページから、「はじめまして」「ないよう(会社概要&設備)」

「うまい」「やすい」「はやい」「さーびす」「ごめんなさい」「さんぷる」「おといあわせ」「高校・大学」のページに飛ぶことができるようにしています。

このうち「うまい」「やすい」「はやい」は、吉原精工が提供できるサービスの特徴を端的に表しています。

「うまい」とは、製造業にとっては「高品質」という意味です。「やすい」は納入価格が安いことを表しています。そして「はやい」は短納期であること、私はこの3つがお客様に満足していただくための三原則だと考えています。これらは私がお客様の立場で吉原精工について、何を知りたいのだろうかを抜き出して並べてみたものです。

品質が高いこと、できるだけスピーディーに対応し納期を守ることは製造業として当然といえます。「安かろう、悪かろう」は論外で、ほかの会社より品質面で劣るということはあってはならないのです。

ですから、より努力する余地があるのは「やすい」というセールスポイントです。そして、安さを追求することとは、すなわち効率化を図りコストを下げることであり、これまでにご説明してきたとおり、それこそ吉原精工が得意とするポイントなのです。

新規のお客様から見積り依頼がきたとき、価格を提示すると、「これは本当にセットの値段ですか？　1個あたりの値段ではないのですか？」と尋ねられることがあります。これは、セット価格が安すぎるので「何かの間違いではないか」と考えるお客様が多いからでしょう。

吉原精工のホームページで特徴的なのは、「ごめんなさい」のページです。掲載しているのは次の9項目です。

【ごめんなさい　その1】切削加工設備がないため原則として前加工・後加工ができません。

【ごめんなさい　その2】加工素材のお手配は原則として行っておりません。（SUS関係のみ一部在庫あり）

【ごめんなさい　その3】加工品の集配は行っておりません。宅配便でのお取り引きとなります。

【ごめんなさい　その4】集金もお伺いすることができません。指定口座へのお振り込みとなります。

【ごめんなさい　その5】金型関係の加工は当社方針により受注しておりません。

【ごめんなさい　その6】微細加工（ワイヤ径0・2以下使用のミクロン交差加工）はくやしいができません。

【ごめんなさい　その7】大物加工はできません。（X550・Y370・Z300）以内の加工となります。

【ごめんなさい　その8】バックマージン等を含む接待は行っておりません。

【ごめんなさい　その9】年賀状・暑中見舞い・お中元・お歳暮などは取引先多数（約400社）のため廃止しております。

おそらく、ホームページでこんなふうにわがままを言う会社はめずらしいのではないかと思います。

しかし、これら9つの「ごめんなさい」は、吉原精工が「うまい」「やすい」「はやい」サービスを提供するために必要なポイントであり、このわがままに対して「それでもいい」と言ってくださるお客様だけとお付き合いさせていただくことが、吉原精工ならではのサービスを維持することにつながると考えています。

吉原精工流・9つの「ごめんなさい」

9つの「ごめんなさい」について、吉原精工の考え方を順に理由をご説明していきたいと思います。

「ごめんなさい　その1」「ごめんなさい　その2」では前加工・後加工はしないこと、加工素材の手配はしないことを宣言しています。

大手企業のお客様などの立場からすれば、通常は「図面を用意したら、ワイヤーカットだけでなく、素材の手配から前加工・後加工も含めて全部引き受けてもらえれば便利」とお考えになるでしょう。

しかし、吉原精工では、ワイヤーカット加工のみに特化することで効率性を高めているからこそ、「うまい」「やすい」「はやい」を実現できています。

素材の準備やメッキ、焼入れなど、ワイヤーカット加工の前や後に必要となる工程を引き受けようとすれば、設備や人材の手当てが必要になり、本業であるワイヤーカットの効率性は落ちてしまうでしょう。

こうした背景から、吉原精工では「素材の手配や前後の加工もやってほしい」という大手企業から直接お仕事を受けることは避け、1次下請けの会社からワイヤーカット加工のみを受注するようにしています。

本当であれば、何でも出来ますとミエを張りたいのですが、現在では「ワイヤーカット加工しかできない会社 吉原精工」と逆手にとってPRしています。


「ごめんなさい　その3」「ごめんなさい　その4」では、加工品の集配や集金のためにお客様のところまで伺えないこと、商品や代金のやりとりは宅配便や銀行振込で行わせていただくことを宣言しています。

実は、吉原精工では地元・神奈川県を「営業禁止エリア」としています。というのも、県内の会社との取引では集配を要求されることが多いからです。もちろん、集配や集金なしでもいいと言っていただける会社とは、お付き合いをさせていただいています。

集配や集金には、どうしても人手がかかります。昔は私が県内の取引先企業に集金に出向くことが多く、３０００円の小切手を受け取るために午後がまるまるつぶれるといったこともありました。その間にどれだけの仕事ができるかを考えると、とてもこのようなことは続けられません。無駄な動きはコストアップとなりお客様にご迷惑をおかけすることになるからです。

繰り返しご説明しているように、時間あたりの仕事を増やすことは、そのままコストダウンにつながり、お客様に安くサービスを提供することを可能にします。ですから、人手を集配・集金に割くことはできないのです。

「ごめんなさい　その5」は、金型業界の仕事をお受けしないことを宣言しています。

実のところ、創業した１９８０年から90年代半ばまでの吉原精工は、各種電気製品や自動車関係の金型加工が売り上げの約95％を占めており、取引先は約50社程度でした。金型業界の特定企業に依存していたといってもいいと思います。

しかし製造業の空洞化についてメディアが取り上げるようになり、ものづくりが台湾などへ移転していく中、私は、

「吉原精工はどうなっていくのだろう」

と真剣に考えるようになりました。

金型というのは、各種家電や自動車に使われる部品などを量産するためのものです。そして量産品の製造は、どんどん海外に移転していく流れが見えていました。

「工場が海外に流れれば、部品調達も現地でやろうということになって金型加工も海外で行なうのが主流になるかもしれない」

このような危機感を抱いたことが、金型業界からの撤退を考えるきっかけになりました。

金型業界からの撤退を考えたのは、ほかにも理由がありました。

金型加工は、納期が非常に短く厳しいという特徴があります。金曜日に図面を渡され、月曜日までに加工してほしいという注文も少なくありませんでした。通常なら1週間はかかる加工を、週末の2日間でなんとかしてほしいといわれるわけです。

金型加工がこのような厳しいスケジュールになるのは、ものづくりにおいて金型をつくるのが「これさえ完成すれば、あとは量産に入るだけ」という最終段階だからです。発注主がぎりぎりまで設計などに時間をかけることは多く、

「何とかスケジュールどおり製造開始にこぎつけるには、金型づくりを短期間で終えるしかない」

というシチュエーションが発生しやすいのです。

もちろんこれはあくまでも私の考えですし、これらに対応して頑張っている金型業界の会社もたくさんあります。

最終的に吉原精工では金型業界の仕事をお受けしないことに決め、50社ほどあった取引先にそのことを伝えて同業の仲間を紹介しました。

吉原精工としては、分野を絞ったことで、新規に顧客開拓を進める必要性に迫られ、同時にそれまで少数の企業に依存していた体質も改めることになりました。

現在では、食品加工機材関連部品、医療用関連部品、半導体関連装置用部品、航空機用部品など、さまざまなジャンルでワイヤーカット加工を手がけ、取引先は約500社まで拡大しています。

「ごめんなさい　その6」「ごめんなさい　その7」は、吉原精工では対応できない加工があることを宣言しています。

難易度の高い微細な加工や、大型の加工機を必要とする加工は、吉原精工では残念ながらお受けできません。これは、私が**「名人仕事は目指さない」**方針だからです。

世の中には、ワイヤーカットの世界で高度な技術を持ち、大手メーカーからも一目置かれるような「名人」もいます。そういった名人の方には尊敬の念を持っていますが、会社経営という観点では、個人の技量に頼る仕事はないほうがいいと思っています。名人の技を伝承するのは難しいものですし、名人になにかあれば責任を持って仕事を完遂できないリスクもあるからです。

また、微細な加工や大型の加工はシェアが小さいことも理由の一つです。

高度な技術を持つ職人や高額な加工機をそろえるには、それなりのコストがかかります。その範囲の仕事をあえて「捨てる」ことが、コスト低下につながると考えています。

「ごめんなさい　その8」では、バックマージンを含む接待をしないことを宣言しています。

過去には、何度もバックマージンを要求されてきました。

「息子が小学校に入るんだけど、学習机がないんだよね」

そんなふうに暗に要求する人もいれば、

「職場でゴルフ大会を開くんだけど、景品を買いたいので資金を出してもらえないか」

などとあからさまにたかってくる人もいました。あるいは、

「20万円の仕事だけど、30万円で請求を出して8万円をバックしてほしい」

といった要求を受けることもありました。

こういった要求は、吉原精工にとってコストアップの要因になるだけでなく、取引先に難しい社員がいるという点でも問題です。実際、過去にこうした社員がいた会社の中には倒産したところもあります。難しい社員のせいで、外注する加工料が高くなれば、会社の経営が傾くのも無理はないでしょう。

ちなみに、この「バックマージンを含め接待はやらない」という吉原精工の方針を評価してくださる会社は少なくありません。

取引先の上司からすれば、

「あの会社と付き合っているんだから、担当者はクリーンな仕事をしているはずだ」

という安心感が得られるからです。

「ごめんなさい　その9」では、年賀状・暑中見舞い・お中元・お歳暮の廃止を宣言していいます。昔は年賀状などもこまめに出していましたが、金型業界から撤退し取引先を拡大していく過程ですべて止めました。

「年賀状やお中元・お歳暮の有無で取引先を選ぶ会社はあるのか」

そう考えたとき、営業するならほかの方法に時間やコストをかけたほうがいいと思えたからです。

こうした数々の「わがまま」を明言したことによって、吉原精工の取引先は、私たちが望む条件を理解してくれるところばかりになりました。

ホームページを見てくれた新規のお客様には、「ウチの方針はこうです」といちいち説明したり交渉したりする必要もないのです。

加工賃100％オフやタップ取り無料サービスを実施する理由

吉原精工のホームページでは、「気分がよければ30～100％OFF加工」とも謳っています。特に日本の製造業発展のため、大学の研究室、工業系高校、専門学校、企業の新製品開発部門、個人の方はできるだけ応援したいと考えており、これまでに、

■ドリームカップ・ソーラーカーレース鈴鹿（8時間耐久部門）出場の高校生チームにジュラルミン加工（3日間加工品）を100％オフ

■全日本ロボット相撲大会出場、四国のチームに60点程のワイヤーカット追加工を50％オフ

■京都・東北・横浜の各大学研究室依頼部品を30％オフ
■個人の方の依頼でアイデア商品の部品5名分を１００％オフ
■新規取引前のお試し加工を１００％オフ

などの割引を実施したことがあります。

たとえば、工業高校や大学などでものづくりに興味を持ち、部活動などで遅くまで頑張っている学生たちは、いずれ製造業にはいってきてくれるはずです。こうした学生たちはできるだけ応援したいと思ってやってきました。
ただし、１００％オフ、つまり無料で受ける場合は、アンケートに答えてもらうようにしていました。吉原精工のホームページにたどりつくのにどんな検索ワードを使ったのか、どの検索サービスを使ったのか、吉原精工を選んだ理由は何か、ほかに気になった会社はどこだったかを答えてもらうのです。

こうしたアンケートでわかったのは、

「吉原精工なら気楽に頼めそうだ」

という人が非常に多いということでした。


おそらく、初めての加工会社に連絡するとなると、

「こんなことを頼んでもよいのだろうか」

「引き受けてもらえるだろうか」

「ふっかけられるのではないだろうか」

などと不安を感じる人が多いのでしょう。

そこでその後、吉原精工ではホームページに、

「安心して気軽に、気持ちよく相談できる会社、業界ナンバーワンを目指しております」

という文言を追加しました。その後、個人からの依頼が大きく増えました。

無料でサービスをするだけでなく、ホームページを改善するためのヒントをもらうことで、しっかりとホームページによる営業の効果も高められたのではないかと思っています。

このほか、お客様に商品を納品した後、お客様側の後工程のミス発生によって再加工の発注があった場合、9割ほどは無料で対応しています。

また、製造業ではネジ穴をつくる際に穴に工具がはまり込んで取れなくなってしまうことがよくあります。これを外すことを「タップ取り」というのですが、吉原精工では取引先からご依頼いただければ工場にある機械を使ってタップ取りを無料で実施しています。

タップ取りは、週に1度はどこかの会社から持ち込まれます。それだけ発生頻度が高く、多くのお客様からニーズがあるということもできるでしょう。

これらについては、長期的にはお客様との関係を強くし、さらに新しいお客様を獲得するための営業になると考えています。

「今回も無料で対応しますので、またどうぞよろしくお願いします」

そんなメッセージを込めてサービスしているのです。

たとえばタップ取りについては、吉原精工から送る納品書などの伝票を入れる封筒に「タップ取り無料券」を印刷しています。

これはあるときにふと、「せっかく封筒をお客様に送っているのに、封筒が営業に役立っていないな」と気づいて導入しました。

最初は、ちょうどサッカーの日韓ワールドカップまであと1年ほどというタイミングだったので、お客様の印象に残るよう日韓ワールドカップ開催日を期限としたタップ取り無料券を印刷していました。

現在は期限を設けず、「吉原精工がある限り」という文言を入れています。封筒をみたお客様がクスッとほほえんでもらえればとの思いです。タップ取り無料券付きの封筒にはもう一つの戦略が込められております。お客様が当社をお友達に紹介したい場合、メモに当社の情報を書き写さなくても封筒を渡すだけで良いのです。

あるお客様は、ほかのワイヤーカット加工の会社から営業を受けたとき、「ウチはもう吉原精工さんに頼んでいて、タップが折れたときにとってもらったりしていろいろと良くしてもらっているから、よそには出せないよ」といって断ったと言っていました。

お客様が困っているときに気持ちよくお手伝いすることが、お客様とのよい関係を育て、それこそが強い営業になるのだと思います。

ちなみに私は、「無料」や「値下げ」に遊び心を加えることもあります。

たとえばお客様からちょっとした加工の依頼を受けたとき、日頃のお付き合いから「今回は無料でいいな」と考えることがあります。**そんなときは請求書の金額を「100万円」とし、「特別値引き100万円、合計0円」と書き入れて送るのです。**

消費税が5%から8%にアップしたときは、お客様に「消費税に関するお願い」を送付しました。文面は、「加工賃を5%引き下げます」という内容です。

後日、お客様から「ビックリした、ありがとう」と連絡が来ます。お客様との距離感がまた縮まるのです
通常は消費税による値上げ通知ですが、逆を狙い、消費税増税となれば、どこの会社も支払い負担は重くなります。そんなとき、「消費税が3%アップするなら、うちは加工賃を5%下げます」と宣言したわけです。

お客様からは「びっくりした」「感動した」といった声をたくさんいただきました。どうせ値引きするなら、こんなふうに、よりお客様に満足してもらえるようなしかけも考えたいものです。

出入りの営業マンにもアドバイスすることで感性を磨く

私は、営業の方法を考えたり、いろいろ新しいことを試してみたりすることが大好きです。吉原精工の営業について考えるのはもちろんのこと、ほかの会社の商品やサービスについても、

「どうやって売っているんだろう」

「どうやったらもっと売れるだろう」

などとあれこれ考えてしまいます。

そんなわけで、吉原精工を訪問してくる営業マンと意気投合し、

「こんなふうに売ってみたらどうだ」

とアドバイスすることも少なくありません。

たとえば、かつてある企業の営業マンが生産管理システムの売り込みにやってきたことがありました。そのシステムを使えば、工場の機械がどのくらい動いたか、社員のうち誰が機械を動かしたのか、機械が止まっていた時間はどれくらいあったのかといったことがすべて把握できるというもので、バブル期のことでしたから、当時としては非常に画期的だったと思います。

私は、このシステムを使えば仕事を効率化できると思い、リースで導入することにしました。後に聞いたところでは、このシステムを最初に入れたのは吉原精工と三菱重工業だったという話でした。

結局のところ、このシステムについては稼働させるための作業に人手がかかることが判明し、吉原精工の規模ではメリットを活かすことができなかった苦い思い出があります。

それでも、私にとっては面白い経験もありました。私が営業マンにこのシステムの売り方をアドバイスしたところ、なんと彼は社内で伝説を作ったといわれるほどの営業成績を残したのです。

私が考えたのは、

「このシステムを導入して喜ぶのは、現場ではなく経営者だ」

ということでした。

仮に、生産管理システムによって空き時間を見つけ1日に1台あたり３０００円分の加工賃がプラスされるとすると、20台の機械があれば1日6万円になります。１カ月あたりだと、営業日が25日あるとすれば１５０万円の売り上げアップとなるわけです。

私は、まず重要なポイントとなるのは、こうした数字とリース料19万円を並べて経営者に説明することだと考えました。

もう一つ重要なのは、生産管理システムがあれば人の管理ができるということです。誰がどのくらい働いているか、誰がサボっているのか、システムを活用できれば一目瞭然となります。これは現場の社員からすれば迷惑な話かもしれず、工場長など現場の責任者に提案しても嫌がられる可能性がありました。ですから、営業する相手は必ず経営者である必要があると考え、伝えました。

このアドバイスを実践した営業マンはあっという間に昇進し、10年ほど経った後、運転手つきでひょっこり吉原精工を訪ねてきてくれました。

「ずいぶん偉くなったなぁ」

と感心したものです。


ちなみに、このシステムに関して私自身にはメリットはなかったわけですが、私が出入りの営業マンと付き合うときに考えているのは損得とは別のことです。

基本的には、自社のためではなくお客様のために働きたいと考えて動くタイプの営業マンとは、人として深く付き合いたいと感じます。

「スープがなくなり次第終了」のラーメン屋さんから学んだこと

あるとき、私は深夜0時ごろにラーメン屋さんに入りました。ちょっと小腹が空いたので、何となく立ち寄ったのです。

そのお店は夫婦でやっていて、私のほかにはお客さんはいませんでした。

「ラーメン店というのは、どんなふうに経営しているのかな」

いつものように好奇心がわいたので、食べながらいろいろとおかみさんに質問をしました。聞いたのは、

「どこから食材を仕入れるんですか？」

「何杯くらい売れれば利益が出るんですか？」

「酔っ払いや、怖い人、危ない人にはどうするんですか？」

など、他愛もないことです。

おかみさんの話によると、1日に100杯も売れば左うちわでやっていけるということでした。しかしその日は、「まだそこまで売れていない」といいます。

帰り際、おかみさんから「ラーメン屋やるなら相談にのるよ」と言われたほど話し込んでいました。そんな話を聞いて、深夜まで大変な仕事だなと思いました。


その少し後のこと。私は、自宅の近所においしいラーメン屋さんがあって行列ができているという話を聞き、早速その店に足を運びました。

ところが、店に着くと「本日はスープがなくなりましたので終了です」と言われてしまったのです。まだ夜7時でしたから、ちょっとびっくりしました。

「今度は早めに行ってみよう」

そう思って次は夜6時に店を訪ねましたが、やはりスープはすでになく、私がやっとラーメンにありつけたのは3度目、夕方5時に店を訪ねたときのことでした。

私は2つのラーメン店の営業スタイルの違いについて考えました。

深夜0時まで店を開けていても売上目標に達しない店もあれば、夕方に店を閉めても客足が途絶えず、ラーメン1杯のために3度も足を運ばせる店もあるわけです。

結局のところ、営業時間が長いことが重要なのではなく、いいものを作って「あそこのラーメンが食べたい」と思ってもらえることこそ重要なのです。

その気付きは、吉原精工の働き方改革にも活かせると私は感じました。


「いい仕事をし、ほかの会社と差別化することが最高の営業になる」

そう考えたことが、「うまい」「やすい」「はやい」へのこだわりにつながっています。


さらにこんな話があります。

2009年のリーマン・ショックで製造業は大変な打撃を受けました。世間から加工仕事が消えてしまったのです。仕事が少ない状況のなか、千葉に拠点を置くお客様が大量の仕事を持ち込んできて、自社では対応しきれないから手伝ってほしいという状況がしばらく続きました。

世間では仕事が無いなか、なぜこの会社だけ仕事を確保できているのか不思議でなりませんでした。しばらく後にその社長さんに聞きました。

「世間が暇をしているなか、なんでこんなに仕事持ってるの？」

あまりにしつこく聞いたので、社長はおもむろに話してくれました。

「親会社はさほど忙しくはない、全て新規飛び込み営業で新たな仕事量を確保しており人とは逆の営業をしているだけだ。普通の営業は昼間に新規顧客開拓をしているが、明るいうちはその会社が忙しいのか暇なのか判断つかない。俺は夕方以降に動き始める。明かりがついて機械を動かす音がしている会社のみを訪問してるだけだよ。普通の営業マンが日報を書いてる時間帯におれは動いているだけなんだよ。吉原さん、ただ夜に動けばいい訳じゃないよ、曜日が重要なんだ。月、火、水は動かない。どんな会社でも水曜日頃までは計画通り動いているけど、木曜日以降には計画にズレが出てくるんだよ。そこを狙って週半ば以降に訪問しているんだ」

人とは逆に動く。目からウロコの話をされ、プロの営業マンのやり方に感心したものです。

リッツ・カールトンのスイートに泊まってわかったこと

吉原精工が3度目の経営危機から脱し、ボーナス100万円など社員への還元ができるようになってからは、自腹を切って世間で評判のサービスを体験してみるようにもなりました。

そういった体験の一つで非常に驚いたのが、ザ・リッツ・カールトン東京のスイートルームへの宿泊でした。通常は1泊12万円以上するところ、6万円ほどで予約できるプランを見つけたので、

「あの顧客満足度が高いことで有名なリッツを体験してみるいいチャンスだ」

と考え、予約を入れたのです。


このとき、私は大失態をしでかしました。予約日は正月休みの終わり頃だったのですが、のんびり年末年始の休みを過ごしている間に曜日の感覚がなくなってしまい、うっかり宿泊予定日を忘れてしまったのです。

「あれ、そろそろリッツに行く頃だったかな」

そう思って確認して、前日が予約日だったことに気づいたのです。

「6万円がパーになってしまった……」

カード先払いでしたから、支払いはすでに済んでいます。失念したのは、完全に私のミスです。大いにショックを受けながら、私は、

「仕方がない、もう諦めよう。今度は気をつけよう」

と気持ちを切り替えました。


ところがそれから1週間ほど過ぎた頃、リッツ・カールトンの担当者から私のもとに電話が入ったのです。

「いかがなさいましたか」

と尋ねられたので、私は状況を説明しました。

リッツ・カールトンさんは顧客満足度が高いという話を知り、一度体験したいと思って予約を取ったこと。うっかり予約日を忘れてしまっていたこと。

すると、担当者が次の日にまた連絡をくれたのです。

「○月○日と×月×日が空いておりますが、よろしければ来ていただけませんか」

なんと、無料で招待してくれるというのです。

これには、私は心から感動しました。

リッツ・カールトンでの宿泊体験は、期待を裏切らない素晴らしいものでした。私がどこに行く予定なのかを確認すると、訪問先についてホームページなどで調べた資料を一式、印刷して準備してくれるなど、これまで泊まったホテルでは考えられないほど行き届いたサービスに深く感心したものです。

リッツ・カールトンの体験を通じ、私は自分がなぜここまで感動したのかを考えました。

サービスが全般的に素晴らしいことはもちろんですが、やはり、私がミスをしたことに対して無償の宿泊を申し出てもらったことが最も印象に残りました。

では、この体験を吉原精工に活かすなら？

考えられるのは、吉原精工から納品したものを、お客様がその後の加工でミスして使い物にならなくなってしまうといったシチュエーションです。このような場合、改めて加工の依頼がくることが少なくありません。

私は、こうした「お客様のミスによる再発注」については、原則として無料にすることにしました。

これは、私自身がリッツ・カールトンの対応に感動したように、お客様も大変喜んでくださいます。

「吉原精工は、困ったときは助けてくれる」

そう思っていただき、サービスへの信頼性が高まることが、お客様との関係構築には重要だと思っています。

くわえて、私はお客様との信頼関係を最も大切にしています。

たとえば、見積もりを出すときに3万円と提示したものの、いざ図面と材料が手元に来たら8000円の加工賃で済むとわかった……といったことは起きるものです。

そのような場合、私は見積もりどおりだからと3万円を請求することはありません。

「私が見積もりを間違いました。材料と図面を確認したところ加工賃は8000円でした」

と、正直に見積もりの訂正を申し出ます。

こうしたやりとりをした取引先とは、長期にわたるお付き合いができており、誠実な対応の重要性はいつも感じているところです。


一方で、取引先から不誠実な対応をされるケースもあります。

吉原精工で加工にミスが発生してしまい、お客様から追加で素材を送っていただいて加工のやり直しをしたときのことです。

「追加分として送った素材の料金分を支払ってほしい」

そう要望されたのですが、受け取った素材に対して要求された支払額がどうも大きいのです。

素材の販売元が吉原精工とお付き合いのある会社だったので、問い合わせてみると、なんとその取引先企業は実際に購入した価格の3倍以上もの金額を請求してきていたことが発覚しました。

ミスをした責任はもちろん痛感していますが、とはいえこのように信頼関係を踏みにじるような会社とは、お付き合いしたいとは思いません。その後、その会社とは取引を停止しました。

目先の損得だけを考えて不誠実に動けば、場合によっては一瞬にして信頼関係が壊れてしまうこともあります。

逆に、目先の損得を考えずにお客様との信頼関係を第一に考えれば、長期的な付き合いが生まれ、相互によい結果を生むことが多いのではないかと思います。

「お客様を差別しない」ことの重要性

「自腹を切った体験」で、嫌な思いをして学んだこともあります。

それは、有名な某高級リゾートホテルを利用したときのことでした。そのチェーンの拡大のスピードを支えているのは「徹底したマニュアル化」だという話を聞いたことがありました。私は、そういった社員教育がどの程度、サービスの質を担保しているのか、非常に興味がありました。

最初に利用したのは、静岡のリゾートホテルでした。このときはホテルのコンセプトや料理に感激し、さすがだと思ったものです。

せっかくだから各地のホテルを利用してみたいと思い、その後、青森の妻の実家を訪ねる際にも途中にある系列のホテルに宿泊しました。

最初は、サービスの水準は十分に高いと感じていました。しかし朝食のとき、

「何か苦手なものはございますか？」

と尋ねられたとき、朝食はいつも赤だしの味噌汁が出るということを知っていたので、

「赤だしの味噌汁は嫌いです」

と言いました。

苦手なものを確認してくれたのだから、ここでは別のものを用意するのだろうと思っていました。

ところが、運ばれてきた朝食には赤だしの味噌汁がついていたのです。

私は、苦手なものを聞くのはただのマニュアルであり、その後の対応が行き届いていないのだろうと考えました。

そう気づいて周囲の様子を見ていると、どうもスタッフの顧客対応には相手によっ

て差があるように感じられました。このときは夫婦で6万円程度のプランで宿泊していたのですが、中には10万円、12万円といったプランで泊まる人もいます。

「高いお金を払って泊まるお客様のほうに、より配慮する」

そういった態度が見て取れるのは、あまり気持ちの良いものではありませんでした。

やはり、マニュアル化による急速な事業拡大は、社員教育の不徹底を招いたのかもしれません。

私はこの経験から、

「お客様を仕事の大きさや支払額で差別しない」

ということを徹底するようになりました。優先するのは、早くに予約を入れてくださっていたお客様であり、いくらたくさん仕事をいただいているお得意様であっても、ほかの予約を後回しにして対応することはしません。

もちろん、「特急料金を払うから、早く仕上げてほしい」といったご要望を受けることはありますし、その際は工程を見直し、機械をうまく空けられれば対応します。

ちなみに、問題なく対応できる以上は「特急」ではないので、料金は普通どおりです。

こういった急ぎのご要望は、通常は8割方は対応できていると思います。

しかし、そういった「お金は払うからなんとか早くしてほしい」という仕事がはいったとき、工程を何度も見直しますが、最終的に無理な場合は、お断りしています。

それは、「お金さえ払えば優遇する」という態度が、先に予約してくださっていたお客様を裏切ることになると思うからです。

おわりに　～今後の展開と週休3日の可能性

最後までお読みいただき、ありがとうございました。

本書では吉原精工のこれまでの経営についてご説明してきましたが、現在は息子が社長になっており、経営についてはすべて息子にまかせています。私は代表権のない「会長」ですが、肩書には大した意味はなく、実のところ、いま吉原精工で働く社員（会長なので社員ではないですが）の中で一番給料も安いのです。

60代のうちに代替わりを終えたことについて、「早すぎるのではないか」と言う人もいましたが、私に万一のことがあってから代替わりをするのでは遅すぎます。元気なうちに息子に会社を任せたからこそ、その仕事ぶりを見守り、いざというときはアドバイスをすることもできるというものです。

この本を手にとってくださった経営者の方の中には、70歳、80歳と歳を重ねても「まだまだ代替わりをするには早い」と頑張っている方もいらっしゃるでしょう。

しかしひとつ頭の片隅に留めておいて頂きたいのは、実績のある創業経営者に万一のことがあれば、最悪の場合、銀行が融資を引き上げることもあるということです。

これは実際に、吉原精工と付き合いのある企業で起きたことです。

その会社はしっかり利益を出し続けている優良企業でしたから、取引先だったメガバンクから融資引き揚げの要求を受けた際、他行のキャッシュで全額返済に応じて事なきを得ました。しかし、資金繰りにさほど余裕のない会社でこのような事態が起きた場合、会社が悲劇に見舞われるのは避けられないでしょう。

会社の将来について真剣に考えるなら、自分が元気なうちに次世代に経営を任せ、若い社長に実績を積ませておきたい――そう思ったのも、代替わりを急いだ理由の一つです。

こうした考えもあり、会社の経営については息子に譲りましたので、今後の吉原精工の行方は息子の舵取りにかかっています。

ですから、以下に書き添える「吉原精工の将来像」については、私の個人的な願望であることを先に申し上げておきたいと思います。

私は、吉原精工が今後さらなる「働き方改革」にチャレンジするなら、次に挑戦するのは「週休3日」ではないかと考えています。これはもちろん、「残業なし、年収600万円以上、ボーナス手取り100万円」を維持したうえでの話です。

「そんなことが実現可能なのか」と考える方もいると思いますが、私は十分に可能だと考えています。

週休3日ということは、一人の社員が出勤するのは週4日です。

ですから、これまでと同様の考え方を用い、シンプルに社員を「日曜日～水曜日の4日間出勤して木曜日～土曜日まで休むグループ」と「水曜日～土曜日の4日間出勤して日曜日～火曜日まで休むグループ」にわければ、工場をフル稼働させながら週休3日にできることになります。

本書でご説明してきたように、吉原精工では会社の営業力には不安がなく、仕事はいくらでも増やせると考えています。その前提に立てば、いまは日曜日が休業日になっているので、日曜も工場を稼働させれば売り上げを伸ばすことは難しくありません。

もちろん、社員の待遇を維持しながら週休3日にするためには、それだけでは足りないかもしれません。そこは利幅の大きな仕事をいかに増やすか、あるいは夜間などに長時間機械を動かして効率よく稼げる仕事をいかに増やすかといった経営者の手腕も問われます。

たとえば、検討の余地があるのは、「長時間加工部門」を設けることです。一度の段取りで長時間機械を動かせる仕事を集中して受ける部門をつくり、2人程度の社員で10台の機械を動かせば、かなりのコストダウンが図れます。

これはあくまでアイデアの一例ですが、こうした工夫や改善を積み重ねれば、待遇を維持あるいは向上させながら「週休3日」を実現することはできると思っています。

社員　残業ゼロ、週休3日制（週32時間勤務）でゆとりある生活
会社　最終的に6グループ週7日24時間稼働で大幅な売り上げ向上、優秀な人材確保
顧客　日曜日稼働で全日短納期化。利益拡大により加工費値下げ還元

の三方良しが実現できます。

これから人口減少が続く日本では、人材の確保が企業の最重要課題の一つになるでしょう。そのとき、より魅力的な人材を集めるために「週休3日」は大きな武器になると思います。

私は、吉原精工が挑戦し、結果を出す日が来ることを信じています。

吉原博（よしはら・ひろし）

株式会社吉原精工会長。

1950年鹿児島県出身。高校卒業後、電機会社に勤務。その後、商社や金型製作会社を経て、1980年に同社を創業。2015年より現職。

当初はブラック企業だったが、経営改革により社員7人ながらも「完全残業ゼロ」を達成。その取り組みが「2016年度厚生労働省働き方改革パンフレット」への事例として紹介される。これを機とした日刊工業新聞での記事で大きな注目を集め、『おはよう日本』『クローズアップ現代+』（以上、NHK）、『日経トップリーダー』（日経BP）、日本経済新聞など、多数のメディアから取材を受ける。また、残業ゼロ以外にも「年3回の10連休」「ボーナス手取り100万円」などが話題になる。

現在は、会長職以外にも、全国各地で講演を行っている。著書は本書が初めてとなる。

**町工場の全社員が
残業ゼロで年収600万円以上
もらえる理由**

2017年12月4日　第1刷発行　　2018年1月11日　第2刷

著者　　　吉原　博
発行者　　長谷川　均
編集　　　大塩　大
発行所　　株式会社ポプラ社
〒160-8565　東京都新宿区大京町22-1
電話　03-3357-2212（営業）　03-3357-2305（編集）
振替　00140-3-149271
一般書出版局ホームページ　www.webasta.jp

印刷・製本　大日本印刷株式会社

N.D.C.336/207P/19cm　ISBN978-4-591-15631-5